CHAMPION

빈티지 챔피온의 모든 것

목차

일러두기
본문 내 괄호 속 '＊'로 표시한 내용은 모두 옮긴이의 주이다.

머리말
토드 스나이더 Todd Snyder

많은 수집가들처럼 나의 챔피온 이야기도 한 스웨트셔츠에서 시작된다. 그리고 갈망과 열정, 인내로 가득 찬 다른 이야기들처럼 여기서도 한 소녀가 등장한다. 그 스웨트셔츠에는 아이오와대학교 로고가 크게 새겨져 있었다. 내 고향 주이기 때문에 그 스웨트셔츠를 입는 것이 말이 안 되지는 않았다. 다만 그때 나는 아이오와대학교의 최대 라이벌인 아이오와주립대학교에 다니고 있었기에 살짝 복잡 미묘하긴 했다. 그래도 당시 아이오와대학교를 다니던 여자친구에게 받은 선물이었으니 떳떳하게 입었다. 정말로 자주 입었다. 수업 시간에도, 체육관에서도, 금요일 밤에 친구들과 술을 마시러 나갈 때도(솔직히 화요일에도). 그 옷은 완벽했다. 클래식 핏, 오프화이트 색상의 헤비웨이트 리버스위브, 정성스러운 노스캐롤라이나 공장 제작. 물론, 소매에는 시그니처 C 패치가 있었다. 이는 대학교 서점에서 이 스웨트셔츠를 구매하는 사람에게 이 옷이 충분히 투자할 만한 품질을 가지고 있음을 알려주는 표시였다.

그 여자친구와의 관계는 오래전에 끝났지만, 나는 여전히 그 스웨트셔츠를 1천 장 넘는 다른 챔피온 스웨트셔츠들과 함께 가지고 있다. 이 컬렉션은 미국에서 가장 소홀히 다뤄지는 패션 브랜드에 대한 몇 십 년간 집착의 결과물이다.

처음 받자마자 좋았지만 그 스웨트셔츠가 진짜로 얼마나 특별한지 깨달은 것은 졸업 후 뉴욕에서 거주하며 랄프 로렌의 젊은 디자이너로 일한 뒤부터다. 당시에는 정기적으로 일본에 조사를 다녔는데, 일본인들의 클래식 아메리칸 스타일을 향한 숭배를 바라보면서 챔피온에 새로운 감사함을 느꼈다. 1990년대에 일본을 드나들면서 나는 챔피온의 소비자에서 수집가가 되었고, 그때부터 지금까지 변함없이 수집을 이어오고 있다.

챔피온의 역사와 유산에 더 몰두할수록, 챔피온에 대한 경외심과 함께 컬렉션도 더 커져갔다. 그리고 제이크루J.Crew에서 브랜드 컬래버레이션이라는 개념을 선구적으로 도입하도록 도운 후 2011년에 내 브랜드를 론칭할 때, 팀을 따로 꾸려 만들기로 결심한 라인은 단 하나였다. 2년 뒤, 나는 "챔피온 바이 토드 스나이더" 컬래버레이션을 선보였다. 1950년대에 사용되었던 "러닝맨"을 로고로 선택했다. C 패치를 정말 좋아하지만 내게 있어서 러닝맨이란 모든 것이었다. 러닝맨은 운동복이 단순하고 정직하며 기술적인 꼼수를 쓰지 않고 오랫동안 입을 수 있도록 튼튼하게 만들어지던 시대를 상징한다. 그것은 내가 챔피온 컬렉션에서 영감을 받아 해당 시대의 복싱 클럽을 연상시키도록 디자인한 엘리자베스 스트리트의 매장 "시티 짐City Gym"을 열었을 때 보여주고자 했던 가치들이었다.

이제 토드 스나이더 뉴욕은 10주년을 기념하고 있다. 나와 챔피온과의 관계는 현대적인 아메리칸 스타일에 대한 내 비전을 만들어 가는 데 있어서 그 어느 때보다도 중요하다. 토드 스나이더의 시즈널 컬렉션뿐만 아니라 브루클린서커스나 피너츠와 같은 브랜드와의 협업 플랫폼으로서도 그렇다. 스트리트 패션이나 "애슬레저" 같은 트렌드는 왔다 갈지도 모르지만, 목적을 가지고 디자인되어 공들여 만든 옷은 착용자에게 자신보다 더 큰 무언가의 일부가 된다는 느낌을 갖게 해준다. 오랫동안 지속되는 가치는 바로 그런 것이라고 생각한다. 나는 단지 몇 시즌이 아니라 수십 년에 걸쳐 상징적인 지위를 쌓은 브랜드와 스타일에 나만의 독특한 감성을 더할 때면 항상 그런 가치를 염두에 두었다.

이 책을 통해 위대한 미국의 브랜드를 기릴 수 있게 해준 알렉스에게, 현재 이 글을 읽고 있는 누구나 분명히 가지고 있을 집착에 대해 되새길 수 있는 기회를 주어서 큰 감사를 드린다. 그리고 현명한 이들에게 드리는 조언: 다음번에 빈티지 가게의 선반을 뒤지다가 러닝맨 로고가 들어간 챔피온을 발견하면 반드시 사라. 왜냐고? 당신이 사지 않으면 내가 사버릴 테니까.

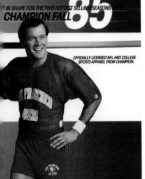

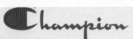

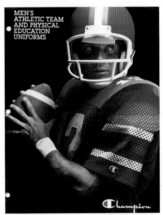

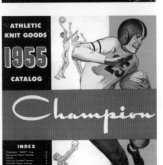

챔피온의 역사 HISTORY

타임라인

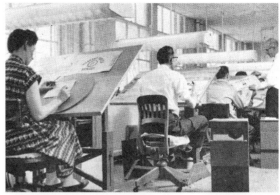

1919년
뉴욕주 로체스터 시내에서 니커보커 니팅 밀스가 설립됨.

1924년
챔피온 니트웨어 밀스로 사명을 변경하고 스웨터를 생산하기 시작함.

1928년
첫 운동복 라인을 출시함.

1931년
로체스터 시내의 세인트 폴 스트리트에 스포츠 용품점을 오픈함.

1935년
스포츠웨어에 프린트를 하는 사업으로 전환하며 챔피온 니트웨어 컴퍼니로 사명을 변경함. 자회사인 듀라크래프트가 뉴욕주의 페리에서 사업을 시작함.

1938년
챔피온의 트레이드마크인 리버스위브 스웨트셔츠와 플로킹 공법이 특허로 등록됨.

1940년대
제2차 세계대전 중 군용으로 제작한 티셔츠와 스웨트셔츠를 미군에 납품함.

1948년
뉴욕주 리보니아에 스포츠웨어 생산 공장을 설립함.

1952년
리버스위브 특허가 갱신됨. 옆면에 "익스펜션 거싯"이 들어간 새로운 상의와, 세트로 입을 수 있는 스웨트팬츠가 추가됨. 운동용 제품을 생산하기 위해 뉴욕주 제네시오에 두 번째 공장을 설립함.

1956년
뉴욕주 로체스터시 컬리지 애비뉴의 구 로체스터대학 기숙사 건물로 본사를 이전함.

1962년
챔피온의 공동설립자인 윌리엄 파인블룸이 사망함.

1967년
주식 시장에 상장하면서 "Champion Products Inc."로 사명을 변경함.

1968년
여성 운동선수들을 위한 새 컬렉션인 "레이디 챔피온"을 론칭함.

1969년
뉴욕주 노위치에 위치한 생산업체인 노위치 니팅 밀스를 인수함.

1975년
골드윈이 일본 시장 내 챔피온 브랜드의 라이센스를 획득함.

1976년
뉴욕주 피츠포드 몬로 애비뉴 3141번지로 이전함.

1979년
말리에레 비에세치가 유럽 시장 내 챔피온 브랜드의 라이센스를 획득함.

1982년
처음으로 소매 매장에서 챔피온 브랜드가 들어간 제품을 판매하기 시작함.

1987년
피닉스 인티그레이티드가 신발 부문의 챔피온 브랜드 라이센스를 획득함.
챔피온의 공동 설립자인 에이브 파인블룸이 86세의 나이로 사망함.

1989년
복합 식품 기업인 사라 리에 3억 2천 100만 달러에 매각됨.

1990년
NBA 공식 유니폼과 연습복의 공급업체로 계약을 체결함.

1993년
리보니아, 노위치, 그리고 제네시오의 공장을 닫고 본사를 노스캐롤라이나 주의 윈스턴 세일럼으로 이전함.

1996년
미국 올림픽 팀의 공식 유니폼 후원사로 선정됨.

1996년
사라 리가 미국 생산을 중단하고 제조를 타국으로 이관함.

2002년
NBA와의 계약이 2001–2002 시즌을 끝으로 종료됨.

2006년
헤인즈브랜드 소속이 됨.

2010년대
토드 스나이더, 슈프림 등 타 브랜드나 디자이너와 컬래버레이션을 시작함.

2017년
챔피온의 리버스위브 후드 셔츠가 모마(MoMA)의 "Items: Is Fashion Modern?" 전시회에 전시됨.

2019년
5월 6일 100주년을 맞이함.

상단 좌측부터

사진 1
공동창립자 에이브와 빌 파인블룸, 1958년.

사진 2
그림/그래픽 부서, 1950년대.

사진 3
컨벤션 판매 부스, 1967년.

사진 4
뉴욕주 리보니아 공장 1970년대.

사진 5
홍보용 사진, 1972년.

사진 6
사이즈 태그 봉제, 1970년대.

사진 7
커스텀 챔피온 티셔츠 홍보, 1970년대.

사진 8
리버스위브 광고, 1990년대.

챔피온의 역사

100여 년간 챔피온은 뉴욕주 북부의 소규모 스웨터 제조업체에서 출발하여 수백만 명의 팬들에게 사랑받는 세계적인 패션 브랜드로 성장했다. 기능과 패션 세계 양쪽에 모두 깊게 뿌리를 내린 챔피온은 여러 세대에 걸쳐 젊은이들의 문화가 그들만의 독특한 정체성을 확립하는 데 빈 캔버스와 같은 역할을 해왔다. 캠퍼스에서든, 운동장에서든, 혹은 거리에서든, 챔피온의 제품은 20세기를 넘어 그 이후에도 아메리칸 스포츠웨어의 기준을 세워 왔다.

에이브러햄은 뉴욕주의 포킵시에서 학교를 다녔다. 1916년부터 1919년 초까지 사이먼은 딸 릴리안의 도움을 받아 마을에서 여성 의류점을 성공적으로 운영했다. 1919년 초 릴리안이 로체스터에서 의사로 일하는 데이비드 월린과 결혼하자, 파인블룸 가족은 가게를 팔고 딸과 함께 로체스터로 이사했다.

로체스터에 도착한 후 사이먼과 그의 아들들은 함께 사업을 시작하기로 결정했다. 1919년 5월 6일, 사이먼, 빌(윌리엄의 애칭), 에이브(에이브러햄의 애칭)는 동업으로 니커보커 니팅 밀스라는 회사를 세웠다. 그들은 로체스터 시내의 세인트 폴 스트리트 114번지에 사무실을 두고 속옷과 스타킹과 양말을 생산하는 지역 제조업체들로부터 물건을 받아 뉴욕주 전역의 소매점들에 판매했다. 에이브와 빌은 아버지와 함께 일하며 업계에 대해 배웠고, 매입과 판매 양쪽에서 모두 귀중한 경험을 쌓았다. 이 기간 동안 니커보커의 이름으로 제품을 직접 생산하지는 않았지만, 자체 생산 라인의 가능성을 줄곧 모색했다. 1923년에 아버지 사이먼이 사망한 후, 형제들은 사업을 계속하기로 결정하고 제조업으로 사업의 방향을 틀 준비를 시작했다.

샘 프리드랜드와 빌 파인블룸, 1930~1940년대

니커보커 니팅 밀스Knickerbocker Knitting Mills, 1919~1923년

챔피온의 기원을 추적하려면 창립자의 파인블룸 가족의 이야기까지 거슬러 올라가야 한다. 사이먼 파인블룸은 1871년 러시아 태생으로 1883년경 가족과 함께 미국으로 이민을 왔다. 그는 잠시 뉴욕시에 머물다가 뉴욕주의 빙햄턴 주변에 정착했다. 사이먼과 그의 형제 몇 명은 의류업에 종사했다. 소매점을 운영하거나 할인 물품의 경매소를 운영하는 등의 일이었다. 사이먼은 레이첼 슐먼과 결혼하여 릴리안, 윌리엄, 그리고 에이브러햄 이렇게 세 명의 자녀를 낳았다. 1896년에 태어난 윌리엄과 1901년에 태어난

챔피온 니트 스웨터 광고, 1926년

챔피온 니트웨어
밀스 머릿말,
1930년

챔피온 니트웨어 밀스CHAMPION KNITWEAR MILLS, 1923~1935년

1923년 1월, 에이브와 빌 파인블룸 형제는 헤비웨이트 울 스웨터를 제조하고 유통하기 위해 챔피온 니트웨어 밀스라는 회사를 설립했다. 챔피온은 로체스터에 있는 그들의 자체 니트 공장에서 독점적으로 만든 스웨터들과 함께 다른 제품들도 계속 소매업체들에 공급했다. 당시 챔피온의 핵심 제품 라인은 추운 로체스터의 기후에 적합한 두터운 헤비웨이트 스웨터였고, 숄칼라, 크루넥(라운드넥), 브이넥 종류가 있었다. 그들의 사업은 성공적이었고 늘어나는 수요에 대응하기 위해 얼마 지나지 않아 뉴욕주 라이언스에 새 공장을 열었다.

두 형제는 뉴욕주를 넘어 미국의 동북부와 중서부를 여행하며 백화점과 소규모 소매업체들을 방문해 판매 활동을 펼쳐 나갔다. 한번은 에이브가 미주리주에 있는 웬트워스 육군사관학교를 찾아갔는데, 그들은 챔피온의 스웨터에 매우 감명한 나머지 운동복을 포함해 다른 제품도 생산해 줄 것을 요청했다. 1928년에 챔피온은 저지, 스웨트셔츠 세트업, 양말 및 학교 체육복을 포함한 운동복 라인을 선보였다. 저지를 만드는 소재가 울에서 면과 레이온으로 전환되기 시작하면서, 챔피온은 뉴욕주에 있는 오니타Oneita, 페리Perry, 길버트Gilbert 및 에이 리바인 & 선A. Levine & Son과 같은 제조업체들과의 관계를 활용하여 일찌감치 스포츠 용품 업계의 신뢰할 만한 공급자로 자리를 잡았다.

다양한 신규 제품 라인을 보유하게 된 챔피온은 전국적인 고객 네트워크를 구축할 팀을 꾸리기 위해 정예 영업사원들을 고용했다. 그 당시 다른 대부분의 스포츠웨어 회사들과 달리 챔피온은 영업사원들이 코치나 감독들과 직거래를 함으로써 그들이 현지 스포츠 용품점을 통해서 구매할 때 지불하는 대행료를 없애 주었다. 웬트워스 육군사관학교의 추천으로 챔피온의 영업사원들은 학교를 대상으로 한 초기 사업의 초석이 될 다른 사관학교들과의 관계를 발전시켰다.

대공황 초기에 파인블룸 형제는 스웨터 공장을 맥스 뮌젤Max Munzel에게 매각했고, 맥스 뮌젤은 펜실베이니아주 홀리로 공장을 옮기고 계속해서 챔피온에 스웨터를 납품했다. 그들은 이 수익금으로 세인트 폴 스트리트 71번지에 다양한 제품을 소비자에게 직접 판매하는 소규모의 스포츠 용품 소매점인 챔피온 니트웨어 밀스를 오픈했다. 또한 이 공간은 그들의 운동복 사업을 위한 유통 창고로도 활용되어 전국에서 받은 주문을 이곳에서 발송했다. 빌은 이 새 매장에서 우연히 한 고객을 만났다. 이 만남을 통해 페넌트(pennant, 팀을 상징하는 긴 삼각형 형태의 깃발로 여러 스포츠 종목에서 사용된다*)와 같은 기념품에 프린트를 하기 위해 접착제에 작은 섬유 조각을 붙이는 플로킹flocking이라는 기술을 알게 되어 연구에 착수한다. 빌은 디자인과 레터링을 고객 요청에

챔피온 니트웨어
운동복 라인 광고,
1939년

에이브 & 해럴드
파인블룸,
대학 물품 박람회,
1960년대

없었다. 그럼에도 불구하고 챔피온은 대학교용 의류 시장에서 막대한 점유율을 확보했고, 대학 캠퍼스 내 서점 사업에 혁신을 일으켰다. 서점은 이제 단순히 교과서만을 파는 곳이 아니라 대학교를 상징하는 로고가 들어간 스웨트셔츠와 티셔츠를 사러 가는 곳이 되었다. 제2차 세계대전이 끝난 뒤까지 대학 시장이 완전히 개척되지는 않았지만, 챔피온은 전국의 대학교들과의 관계를 구축해 남은 세기 동안 해당 비즈니스에서 지배적인 위치를 점유할 수 있었다.

기술적인 혁신이 챔피온의 사업 초기 성공의 비결이었다. 플로킹 기술과 로고를 프린트한 스포츠웨어로 비약적 성공을 거둔 이후, 챔피온은 운동복 제조 방식을 재구상하기 시작했다. 챔피온의 세일즈맨이자 히키 프리먼(Hickey Freeman, 미국의 남성 정장 제조업체이자 브랜드*)에서 패턴사로 일했던 샘 프리드랜드는 당시 시장에서 판매되던 다른 면 소재 스웨트셔츠보다 핏이 좋고 수축에 더 강한 스웨트셔츠를 개발했다. 새롭게 개발된 패턴은 세탁 후에 옷이 수축되는 방향을 고려해 원단의 방향을 횡으로 회전시켜, 세탁을 거듭해도 기장이 줄어들지 않고 체형에 맞게 핏이 잡혔다. "리버스위브Reverse Weave"라는 별명이 붙은 이 스웨트셔츠는 기술적으로는 부정확한 명칭이었지만 그대로 정착되어 불렸고 하버드나 펜실베니아 대학교, 그리고 미국 해군사관학교 같은 명문 교육기관의 스포츠팀들에게 채택되었다. 리버스위브는 엄청난 성공을 거두었고 1950년대까지 챔피온의 대표 상품이었다. 1952년에는 사양

따라 옷에 프린트할 수 있는 새롭고 내구성 있는 공법인 플로킹 기술 개발에 집중했다. 당시 옷 위에 레터링을 하는 방법이었던 쉐닐(chenille, 복슬복슬한 촉감의 자수로 표면을 채워서 그림이나 글자를 표현하는 방식*)이나 펠트 천을 오려서 봉제로 붙이는 방식에 비해, 이 공정은 훨씬 저렴하고 대량 생산이 쉬웠다. 이 새로운 디자인 공정이 완성되어 가고 있을 무렵, 에이브는 미시건주 앤아버에 있는 모우 스포츠숍Moe Sports Shop과 접촉해 미시건대학교를 위한 의류를 판매할 것을 제안했다. 현재 알려진 바로는 이 거래가 대학교 로고를 넣은 의류를 소매점에서 판매하는 시발점이 되었다. 그들의 새로운 플로킹 기술 덕분에 챔피온은 서점(미국 대학에서 대학 로고가 프린트된 의류는 통상 대학 서점에서 판매한다*)과 유니폼 시장에 에너지를 집중하여 팀이나 단체를 위해 생산되는 스포츠웨어 산업을 선도하게 되었다.

챔피온 니트웨어 컴퍼니CHAMPION KNITWEAR COMPANY, 1935~1967년

1935년, 회사의 이름을 챔피온 니트웨어 컴퍼니로 변경했다. 스웨터를 제조하지 않게 된 사업 내용을 반영하기 위함이었다. 빌은 또한 챔피온 제품에 사용되는 모든 플로킹 프린트를 처리하는 듀라크래프트Duracraft라는 새로운 회사를 뉴욕주 페리에 설립했다. 그들의 플로킹 기술은 1938년에 특허를 받았지만, 더 강력한 법적 지원 없이는 경쟁업체들이 유사한 방식으로 운동복에 프린트하는 것을 막을 수

듀라크래프트
테스트 프린팅,
1930년대

이 업데이트된 리버스위브 스웨트셔츠와 더불어 그와 함께 세트로 착용할 수 있는 스웨트팬츠에 대한 특허가 출원되었다. 스웨트셔츠와 팬츠 양쪽에 수축을 방지하고 핏을 개선하기 위한 "익스펜션 거싯 expension gusset"이라는 파트가 추가된 것이 특징이다. 이 1952년 버전이 오늘날까지 널리 입혀지는 현대식 헤비웨이트 스웨트셔츠의 기준이 되었다.

제2차 세계대전이 발발하자 회사는 전시에 따른 원자재 부족에 직면하게 되었다. 챔피온은 전시 체제에 돌입해 전국 군부대에 군용 의복을 공급하는 방향으로 회사의 생산물량을 전환했다. 군대에서 챔피온에게 요구했던 물량은 꽤 버거웠다. 미시시피주의 군부대 포트 쉘비에서 들어온 1만 6천 800장의 플로킹 프린트 스웨트셔츠 주문은 챔피온에 납품하는 제조업체들의 생산 능력을 시험에 들게 하는 물량이었다. 챔피온은 원자재를 확보하고 제품을 적시에 납품하기 위해 오랫동안 쌓아온 인맥에 의존했다. 에이브 파인블룸은 회사의 영업사원들이 어떻게 지치지 않고 군대로부터 큰 물량의 주문을 확보해서 회사를 존속할 수 있었는지 복기했다. 챔피온의 가장 유명한 영업사원이었던 허먼 비버는 미국 해군사관학교를 통해 미 해군과 강력한 유대관계를 구축한 이였다. 허먼 비버는 그들을 위해 안과 밖을 뒤집어서 양면으로 입을 수 있는 리버서블 티셔츠를 개발했다. 이 신제품은 서로 다른 색상의 티셔츠 두 장을 봉합해서 만들었다. 티셔츠를 뒤집어 입기만 하면 간단하게 소속 팀을 바꿀 수 있도록 하는 아이디어였다. 전쟁이 끝나고 난 후, 이 제품이 학교 체육복 시장에서 주요 제품으로 자리 잡았다.

제2차 세계대전 중 어려움을 겪은 챔피온은 공장을 개설하고 사업을 수직적으로 통합하면서 제품 생산을 자체적으로 관리하기로 결정했다. 1949년에서 1952년에 걸쳐 그들의 공장이 있는 뉴욕주 페리 근처인 리보니아와 제네시오 두 곳에 새로운 시설을 열었다. "원사에서 완제품까지" 직접 제조함으로써 품질을 높이고 생산량을 늘릴 수 있게 되었다. 지아이빌(GI Bill, 제2차 세계대전 이후 제대군인들을 위해 시행된 사회적응지원 법안으로 저금리 주택담보, 사업자금 대출, 대학교 등록금 등을 제공했다*)이 통과되면서 대학에 등록하는 학생이 급증함에 따라 챔피온

공장장 빌
로프터스,
뉴욕주 페리 공장,
1950년대

챔피온 저지
스크린 프린팅,
1960년대

챔피온 대학 라인
의류를 입은 모델들,
1967년

의 운동복과 대학교 캠퍼스 내 서점 사업이 급속도로 성장했다. 1955년까지 챔피언의 공장 세 곳에서 600여 명의 직원이 일했고, 매년 200만 장이라는 놀라운 수량의 티셔츠뿐 아니라 수없이 다양한 스타일의 맞춤 유니폼과 스포츠웨어를 생산했다. 20명으로 구성되었던 영업팀은 10년 동안 두 배로 늘어나면서 미국의 모든 주를 커버했다. 1962년 챔피언의 공동 창업자인 윌리엄 파인블룸이 66세의 나이로 사망하면서 비즈니스에 대대적인 변화가 일어났다. 전문 경영 구조가 채택되고 주식시장 상장을 위해 외부에서 전문가들이 영입되었다.

(우측 상단)

챔피언 아울렛 매장
광고, 1976년

챔피언 프로덕츠CHAMPION PRODUCTS, 1967~1989년

1967년 초, 회사가 주식시장에 상장되면서 사명을 챔피언 니트웨어에서 챔피언 프로덕츠 주식회사 Champion Products Inc.로 변경했다. 신규 상장을 통해서 얻은 자금은 뉴욕주 외 지역에 최초로 설립된 공장인 오레건주 그랜츠 패스Grant's Pass의 스크린 인쇄 공장 설립과 유통 조직 구축에 사용되었다. 같은 해에 뉴욕주 페리 공장 근처에 첫 번째 팩토리 아울렛 매장을 열었다. 일반 대중들은 공정에서 하자가 생긴 제품들을 팩토리 아울렛 매장에서 대폭 할인된 가격으로 구입할 수 있었다.

1969년 챔피언은 뉴욕주 노위치에 위치한 대규모 니트웨어 제조업체인 노위치 니팅 밀스Norwich Knitting Mills를 인수하면서 사세를 계속해서 확장해 나갔다. 애리조나, 노스캐롤라이나, 뉴욕에 공장을 둔 청소년과 라이선스 스포츠웨어 업계의 선두

주자 노위치를 인수함으로써 챔피언은 회사의 규모를 75퍼센트 확장시켰다. 영업사원이었던 해럴드 립슨의 지휘 아래, 챔피언은 1975년 일본의 골드윈 Goldwin & Co 그리고 1979년 이탈리아의 말리에레 비에세치Magliere Biesseci와 라이센스 계약을 체결하며 해외 시장에 진출했다. 각 회사는 해당 국가에서 챔피언의 브랜드를 이용한 자체 디자인 의류를 생산할 수 있는 권한을 부여받았다. 이 파트너십으로 인해 해당 국가에서 "C" 로고의 브랜드 가치가 올라가게 됨으로써 미국에서도 챔피언의 로고를 넣은 제품을 개발하기에 이르렀다. 1970년대 후반부터 운동용 유니폼에 챔피언 로고를 넣는 콘셉트가 시도되기는 했으나, 1980년대 초반까지는 큰 규모의 로고 플레이와 브랜딩이 시도되지 않았었다.

1960년대 후반부터 회사의 성장을 견인한 주요 제품군은 나일론 메시 저지, 스크린 프린트된 의류, 그리고 여성용 운동복이었다. 1967년 챔피언의 제품 담당자인 조 캐럴과 리처드 제이콥스타인은 나일론 메시 원단으로 미식축구 저지 샘플을 만들었다. 이 혁신적인 메시 원단 저지는 기존의 나일론 원단 제품에 비해 더 가볍고 통기성이 뛰어났다. SMUSouthern Methodist University 미식축구 팀은 챔피언의 나일론 메시 유니폼을 입고 1967년 시즌 첫 경기를 치렀다. 이 유니폼은 전국 언론의 주목을 받았고 많은 경쟁업체들이 이를 모방했다. 로체스

챔피언 니트웨어
광고, 1962년

터 아메리칸스Rochester Americans나 뉴욕 제츠New York Jets 같은 유명 스포츠팀이 나일론 메시 유니폼을 도입함에 따라 챔피온은 기술을 더욱 발전시켜 나갔다. 같은 해인 1967년에는 "레이디 챔피온Lady Champion"이라고 명명한 여성을 위한 새로운 운동복 라인을 출시했다. 1972년 여성 운동선수들이 성별에 의한 차별 없이 학교 기금을 사용할 수 있도록 한 법안인 "타이틀 나인Title IX"이 통과되면서 늘어나기 시작한 여성용 제품의 수요를 충족시키기에 완벽한 타이밍이었다. 레이디 챔피온 라인이 선수 유니폼 및 학교 체육복 시장에서 성공을 거두며 챔피온은 챔피온은 여성복 시장을 선도하는 대표 업체로 자리매김할 수 있었다.

선수용 유니폼 이외에도 챔피온은 1970년대에 급부상한 프린트 의류 시장의 선두 주자였다. 챔피온의 영업사원들은 기업이나 기관들로부터 그들의 로고를 프린트한 의류를 대량으로 주문받으며 새로운 틈새시장을 발견했다. 할리 데이비슨Harley-Davidson이나 제록스Xerox 같은 기업부터 소규모 지역 회사들까지 다양한 고객들이 챔피온이 디자인하고 로고를 프린트한 의류를 주문했다. 1970년대에 들어 그래픽 티셔츠 붐이 일어나고 캐주얼웨어 트렌드가 확산되면서, 챔피온은 고품질의 기능성 스포츠웨어를 소비자에게 직접 판매하기 시작했다.

1980년대는 시장 상황이 점점 더 복잡해지는 상황 속에서도 브랜드가 크게 성장한 시기였다. 처음으로 챔피온은 대표 제품인 리버스위브 시리즈와 티셔츠, 스웨트팬츠, 그리고 미식축구 저지들과 함께 브랜드 로고가 들어간 제품 라인을 판매하기 시작했다. 1982년에는 "챔피온 워크아웃 웨어Champion Workout Wear"라고 명명된 라인이 뉴욕 마라톤 대회와 함께 전국에 출시되었다.

새롭게 출시된 이 라인에서 얻은 수익은 몇몇 명문 대학교가 그들의 대학교 로고 티셔츠에 대한 라이센스 로열티를 두고 챔피온을 고소하여 발생한 손실을 상쇄시켜 주었다. 챔피온은 50여 년 동안 어떠한 로열티나 라이센스 비용을 지불하지 않고 대학교 로고가 들어간 의류를 판매해 왔지만 이제는 대학교 측에 일정한 비율의 금액을 지불해야만 했다.

챔피온 나일론 메시 미식축구 저지를 위한 광고, 1968년

뉴욕주 로체스터의 챔피온 본사, 1970년대

대학 서점 판매 제품 홍보, 1978년

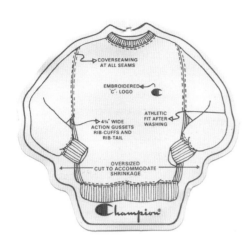

피온은 NBA의 공식 유니폼 및 연습복 공급업체이자 일반 소매 시장을 위한 NBA 레플리카 저지의 독점 제조업체가 되었다. 농구의 황금기였던 이 시기에 챔피온의 브랜드 인지도는 국제적으로 성장했다. 1992년 올림픽에 출전한 미국 국가대표 농구팀 "드림팀"과, 마이클 조던이 이끌던 시카고 불스의 우승이 크게 기여했다. 챔피온은 또한 NFL, MLB, 그리고 NCAA National Collegiate Athletic Association, 전미 대학 체육 협회와의 기존 관계를 더욱 강화하며 팀 유니폼, 연습복, 그리고 공식 라이센스 스포츠웨어를 생산했다. 이 시대 최고의 대학교 스포츠팀이었던 듀크, 캔자스, 시라큐스, 노스캐롤라이나, 그리고 노트르담 외 많은 팀들이 챔피온의 저지를 입었다. 또한 모기업인 사라 리를 통해서 국제 올림픽 위원회와 계약을 맺고 1994년과 1996년 올림픽 대회에 참가한 미국 올림픽 팀의 공식 의상과 올림픽 라이센스 의류를 생산했다.

1990년대 초 챔피온이 문화적으로나 재정적으로나 정점에 도달했을 때, 위기 또한 수면 위로 떠올랐다. 미국산 의류보다 값싼 수입 의류가 물밀듯이 들어오며 미국의 의류 산업이 빠르게 쇠퇴했다. 그리고 나이키와 리복 같은 주요 신발 업체들이 운동화에서 얻은 높은 마진의 수익을 이용해 막대한 비용을

챔피온이 대학교들과의 법적 분쟁에 휘말리고 있을 때, 외부 투자자들은 1980년 챔피온이 미국 증권 거래소AMEX에 상장된 후 회사 주식을 대거 매입했다. 1986년, 투자회사 월시Walsh와 그린우드 & 코Greenwood & Co가 챔피온을 8천만 달러에 인수하겠다고 했으나, 거절당한 후 회사 주식의 19퍼센트를 매입했다. 1987년, 챔피온의 공동 창업자였던 에이브 파인블룸이 사망하고, 이듬해인 1988년, 오랫동안 CEO를 역임했던 조 폭스가 사망하면서, 챔피온은 회사를 이끌어갈 구심점을 잃었다. 챔피온은 적대적 인수를 피해 사업을 구하기 위한 방편으로 "백기사(white knight, 외부 세력이 주식 매입을 통해 한 기업의 경영권을 인수하려는 시도가 있을 때, 위기에 처한 기업을 돕는 기업이나 개인을 이르는 말*)" 역할을 해줄 상대를 찾았고, 결과적으로 사라 리Sara Lee라는 회사가 챔피온을 인수하게 되었다.

사라 리 체제의 챔피온, 1989~2006년

1989년 초, 챔피온은 적대적 인수를 피하기 위한 방편으로 식품 재벌기업인 사라 리에 3억 2천 100만 달러에 회사를 매각하기로 합의했다. 사라 리의 자회사가 된 후, 챔피온의 매출과 브랜드 인지도는 사상 최고치를 기록했다. 리버스위브 스웨트셔츠는 미국에서 가장 인기 있는 아이템 중 하나가 되었으며 브랜드 로고가 들어간 제품은 미국의 도시와 교외 전역에서 널리 입혀졌다. 이듬해에는 NBA와 미국 농구 연맹과 독점 계약을 맺었다. 1990년부터 챔

지불하며 대학교 스포츠팀의 계약을 따내기 위해 유니폼 비즈니스에 뛰어들기 시작했다. 스포츠웨어 시장의 경쟁이 치열해지자 사라 리는 챔피언의 핵심이 되는 부문을 해체하기 시작했다. 1993년, 뉴욕주에 있는 챔피언의 공장 세 곳이 문을 닫았고 본사는 노스캐롤라이나주의 윈스턴 세일럼으로 이전했다. 스포츠팀 유니폼 사업은 비용과 제조상의 어려움으로 인하여 소수의 NCAA 디비전 원(NCAA Division 1, 전미 체육 협회 소속의 대학 스포츠팀 중 가장 높은 레벨의 실력을 갖춘 상위 리그*)에 속한 팀과 NBA를 제외하고는 단계적으로 중단되었다. 1998년에 뉴욕주의 마지막 제조 공장이 매각되면서 75년 동안 이어진 뉴욕주에서의 챔피언의 역사가 막을 내렸다. 최후의 결정타는 2001년 사라 리가 대학교 서점 비즈니스를 기어 포 스포츠Gear For Sports에 매각한 것이었다. 2002년을 끝으로 스포츠팀 유니폼 제작을 중단하면서 NBA와 NFL과의 계약이 종료되었고, 사라 리는 제품을 아울렛 시장에 대거 공급하기 시작했다. 이후 10년의 세월 동안 챔피언은 미국에서 스포츠팀 유니폼과 대학교 라이센스 의류를 공급하는 가장 큰 업체 중 하나에서 쇠퇴하는 소매 브랜드중 하나로 전락해 버렸다. 그들의 미래는 2006년 의류 사업을 중심으로 하는 새로운 모회사인 헤인즈브랜드Hanesbrands Inc.가 결성되기 전까지 불투명한 상황이었다.

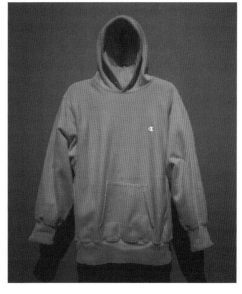
챔피언 리버스위브 후드, MoMA 전시품, 2017년

토드 스나이더의 시티짐 스토어, 2013년

헤인즈브랜드 체제의 챔피언, 2006년~

2000년대 초에 할인 매장을 전전하던 챔피언은 2010년 초반부터 부활의 서막을 알리기 시작했다. 빈티지 시장, 특히 일본에서 챔피언은 수집용 스포츠웨어의 표준으로 남아 있었다. 세계에서 가장 인상적인 컬렉션을 보유하고 있던 일본의 빈티지 챔피언 컬렉터들은 인쇄물과 온라인 블로그를 통해 이를 공유하기 시작했다(블로그 "챔피언 매니아의 시점"를 참조하시라. ameblo.jp/golchin). 유럽의 패션 역사가이자 블로거인 개리 워넷은 자신만의 독특한 스타일로 챔피언의 역사를 연구하고 글을 썼다 (garywarnett.wordpress.com). 그의 글은 챔피언이 문화적 측면에서 기념비적 역할을 한 것에 대한 중요성을 일깨워주었고, 챔피언 재팬이 생산했던 우수

한 제품들을 재조명했다. 2013년, 디자이너 토드 스나이더는 미국 최초로 클래식 챔피언 스타일을 다시 소개하며 팬들이 애정하는 트레이드마크 "런닝맨"을 부활시켰다. 그의 섬세하면서도 메이킹을 중시한 컬렉션은 챔피언의 빛나는 과거 즉, 전성기 시절의 품질을 생각나게 만들기 충분했다. 그 후 10여 년에 걸쳐 챔피언에 대한 세간의 관심이 높아지며 타 브랜드와의 몇몇 주요 컬래버레이션이 이루어지자, 챔피언은 패션계에서 다시 폭넓은 인기와 인지도를 얻게 되었다. 세계적인 숭배를 받는 브랜드로서의 입지를 되찾은 챔피언은 2019년 5월 6일에 창립 100주년을 기념했다.

프린트 기법

20세기 중반의 광고에서, 챔피온은 종종 "가공을 거친 스포츠웨어processed sportswear"의 공급업체로 표현되었다. 챔피온은 다양한 프린트 기법을 사용해 수백만 벌의 의류에 글자, 그림, 문양, 그리고 숫자를 새겨 넣었다. 1930년대의 플로킹 기법에서 시작해 1960년대의 플라스티솔 염료를 사용한 실크 스크린 기법에 이르기까지, 챔피온은 업계의 기술과 표준을 향상시키는 데 큰 기여를 했다. 20세기 동안, 챔피온은 미국의 다른 어떤 회사보다도 더 많고 독특한 디자인의 프린트 의류를 생산했을 것으로 추정된다. 다음은 챔피온이 사용했던 프린트 기법 중 앞으로 책에서 자주 언급될 몇 가지를 정리했다.

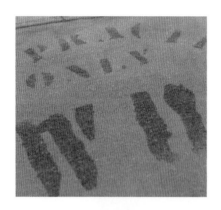

스텐실Stencil

스텐실은 소비자들이 직접 자신들이 원하는 글자나 숫자를 다양한 종류의 잉크로 챔피온의 의류에 직접 DIY로 프린트하는 방식이었다. 스텐실은 일반적으로 유니폼의 메인 로고 이외에 들어가는 프린트를 운동부가 추가 비용 없이 효과적으로 활용하는 수단으로 사용되었다.

택클 트윌Tackle Twill

택클 트윌(국내 업계에서는 통칭 "아플리케 자수"*)은 글자나 숫자 모양으로 자른 천을 의류에 봉제로 붙이는 방식이다. 이 기법은 매우 노동 집약적인 방식이었기 때문에 1980~1990년대에 자동화 기계가 나온 후에 보다 본격적으로 사용되었다.

챔프스프레이Champspray

챔프스프레이는 흰색 플로킹 프린트 바탕에 색상 보존 염료를 스프레이로 뿌려 그래픽을 예술적으로 표현하는 기법이다. 챔프스프레이는 어두운 색상의 의류에만 적용되었고, 거의 대부분 1960~1970년대에 생산된 대학교 스웨트셔츠용 프린트에 사용되었다.

애리다이^{Aridye}

애리다이는 섬유에 인쇄되는 직물 염료 나염 방식으로, 특별한 열처리를 통해서 영구적으로 염료를 천에 고착시키는 기법이다. 세탁을 해도 이염이 되지 않으며, 천에 무언가를 덧대거나 붙이는 방식이 아니어서 무게를 더하지 않는다. 애리다이 기법은 흰색, 노란색, 주황색, 연한 파랑색과 빨강색 및 초록색과 같은 연한 색상의 의류에 주로 사용되었다. 1950년대에는 단색만 사용되었으나, 수십 년에 걸쳐 다양한 색을 프린트하는 기술이 개발되었다.

자수^{Embroidery}

챔피온은 자동화 기계를 활용해 다채로운 컬러의 장식적인 디자인을 의류에 자수로 넣었다. 이 기법은 1980년대 이전의 챔피온 제품에서는 자주 사용되지 않았다.

라스톤^{Lastone}

챔피온의 라스톤은 1960년대 풋볼 저지에 번호와 글자를 합리적 비용으로 영구적으로 프린트하기 위해 처음으로 사용된 비닐-플라스틱 소재의 염료였다. 실크스크린 방식으로 옷 위에 프린트했으며, 광택이 있고 도톰하게 입체감이 있는 효과를 내면서도 쉽게 세탁이 가능했다. 라스톤은 유연하고, 찢어지거나 벗겨지지 않으며, 세탁이나 착용을 거듭해도 색이 바래지 않았다. 라스톤은 모든 직물에 다 사용 가능하지만 애리다이로 프린트하기 어려운 어두운 색의 의류에 주로 적용되었다. 챔피온은 1969년에 독자적인 플라스티솔 잉크의 제조법을 특허로 등록했다.

듀라크래프트^{Duracraft}

챔피온이 특허를 낸 "챔파크래프트^{Champacraft}" 기법은 플로킹 기법이라 더 흔히 불리는데, 이는 수천 개의 미세한 섬유 조각을 견고한 접착 도료에 고정시켜 그래픽을 표현하는 프린트 방식이다. 내구성과 지속성을 위해 열처리된 인쇄 표면은 풍부한 질감을 지니고 있으며 잦은 세탁과 착용에도 프린팅이 유지될 수 있도록 영구적으로 직물에 부착되었다. 챔파크래프트는 듀라크래프트라는 명칭으로도 혼용되었으며, 이는 챔피온의 자회사인 듀라크래프트 니트웨어가 이 프린트를 주로 사용한 데서 기인한다. 듀라크래프트 기법은 1938년(특허번호 2,106,132)에 빌 파인블룸에 의해 특허로 등록되었다.

챔피온 니트웨어
매장 홍보, 1943년 8월

챔피온 애슬레틱 & 스포츠웨어 소매 매장

챔피온은 1920년대 후반부터 1967년까지 로체스터 시내에서 스포츠 용품 소매점을 운영했다. 처음에는 노스워터 스트리트 150번지에 챔피온 니트웨어 밀스라는 이름으로 오픈했다가, 1931년경에 세인트 폴 스트리트 71번지로 완전히 이전했다. 이 매장은 챔피온의 스포츠 용품 외에도 다양한 구색의 스포츠 용품을 판매했다. 1945년에 이르러 이 매장은 별도의 법인 사업체로 전환되었고 "챔피온 애슬레틱 & 스포츠웨어 컴퍼니"로 이름을 변경했다. 이 매장에서 오랜 기간 매니저로 일한 루 힉비는 1967년에 파인블룸 가족으로부터 매장을 인수했다. 그는 곧바로 회사 이름을 루 힉비스 챔피온 스포팅 굿즈Lew Higbie's Champion Sporting Goods로 변경하고 로체스터의 다른 지역으로 이전했다. 챔피온 애슬레틱 & 스포츠웨어 컴퍼니의 라벨이 달린 모든 의류는 외부 제조업체에 의해 매장 판매용으로 생산되었으며 모회사 브랜드인 챔피온 니트웨어와 직접적인 연관이 없다.

VARSITY AWARD SWEATER

100% wool with chenille letter and chain stitching

"M" Varsity, 1960s

The Neck Down Vintage

AWARD JACKET

100% wool with felt lettering

Cardinal Mooney H.S., NY, 1960s

F as In Frank - Drew & Jesse Heifetz

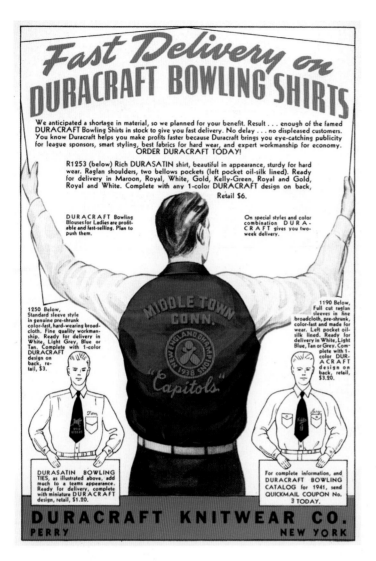

듀라크래프트 니트웨어

1930년대 초반, 로체스터의 챔피온 스토어를 방문한 한 고객이 플로킹 프린트 기법을 소개해 준 것을 계기로 빌 파인블룸은 플로킹 기법을 개발하기 시작했다. 수년간의 실험을 통해 이 기법을 완성한 후 1938년에 "플로킹 적용 방법에 대한 특허"(2,106,132)를 등록했다. 그는 새롭게 특허를 받은 플로킹 기법으로 의류 및 소품류 들에 커스터마이징된 프린팅 공정을 처리하기 위해 챔피온의 자회사로 듀라크래프트 니트웨어를 설립했다. 듀라크래프트의 프린팅 작업은 1935년부터 뉴욕주 페리의 템페스트 공장에서 시작되었으며, 사업이 꾸준히 커지면서 마을에서 직원을 가장 많이 고용하는 회사로 성장했다. 빌이 1960년대 초에 사망할 때까지 듀라크래프트는 챔피온의 프린팅 작업의 핵심을 담당했다. 이로써 챔피온은 대량의 스포츠웨어에 빠르고 경제적인 방법으로 커스터마이징된 프린트를 할 수 있었다. 1930년대에서 1940년대까지 일정 기간 동안에는 듀라크래프트의 라벨을 단 의류도 전국 스포츠 용품점에서 판매되었다.

STYLE 476-3

100% rayon satin with felt patches

"F and H Meats", 1940s

Blue Mirror Vintage - Michael Karberg

STYLE R76LS

Rayon/cotton blend with Duracraft graphic

57th School Squadron, NM, 1940s

Heller's Cafe - Larry McKaughan

노위치 니팅 밀스

노위치 니팅 밀스는 1907년 오하라 가문에 의해 설립된 운동복/캐주얼웨어 중견 제조업체였다. 이들은 챔프니트Champknit, 스키비스Skivvies, 노위치 Norwich라는 상표를 단 속옷, 잠옷, 스웨트셔츠와 티셔츠 등을 제조했다. 이 회사는 1930년대에 미키마우스의 라이센스 의류와 군용 속옷을 대규모로 제조하면서 두각을 나타냈다. 이후 30년간 노위치는 미국 전역에 공장을 설립하고 수많은 주요 소매점들에 제품을 판매했다. 1969년 노위치는 그들의 오랜 고객사였던 챔피온과 합병했고, 챔피온은 이로써 완전한 제조 능력과 안정적인 소매 기반을 갖추게 되었다. 노위치의 브랜드 중 하나였던 챔프니트는 합병 후 1990년대까지 계속 생산되었다.

STANDARD WEIGHT T-SHIRT

100% cotton with Duracraft print

Camp Pere Marquette, 1940s

STANDARD WEIGHT T-SHIRT

100% cotton with Lastone print

Global Movers, 1970s

Three Word Thrifts

JUNIOR T-SHIRT (STYLE JTS)

100% cotton with Duracraft print

Davy Crockett, 1950s

Blue Mirror Vintage - Michael Karberg

STANDARD WEIGHT T-SHIRT

100% cotton with Aridye print

Major League Baseball, 1950s

Stock Vintage

JUNIOR SWEATSHIRT

100% cotton with Aridye print

Roy Rogers, 1940s-1950s

Blue Mirror Vintage - Michael Karberg

챔피온 재팬

1975년, 챔피온은 일본 기업 골드윈 및 이토추C. Itoh & Co와 라이센스 계약을 체결해 이들로 하여금 일본에서 챔피온 브랜드로 제품을 제작하고 판매하게 했다. 이 계약을 통해 "챔피온 프로덕트"라는 브랜드로 생산되는 일반적인 디자인의 제품 라인이 탄생하기도 했다. 챔피온 재팬은 빈티지 챔피온 의류에서 직접 영감을 받아 클래식 챔피온 스타일을 해석한 복각 제품들을 만들어 명성을 쌓았다. 일본은 1990년대에 미국이 생산 기반을 해외로 이전한 후에도 "Made In USA" 제품 라인의 판매를 계속 유지한 유일한 국가였다. 빈티지 아카이브에서 영감을 받은 의류 외에도 챔피온 재팬은 2010년대까지 세계에서 가장 우수한 품질의 챔피온 제품으로 평가받는 다양한 의류를 생산했다. 2016년, 라이센스 소유주들은 사업을 챔피온에 다시 매각했고, 챔피온 재팬은 헤인즈브랜드의 일본 지사 산하로 편입되었다.

TRACK JACKET

Cotton/polyester blend

Champion Japan, 1990s

Griffin Mouty of Tuff Vintage

STANDARD WEIGHT T-SHIRT

100% cotton with Aridye print

Champion Japan, 1990s

STANDARD WEIGHT T-SHIRT

Cotton/polyester blend with
Lastone print

Champion Japan, 1990s

Lovely's Vintage

챔피온 유럽

1979년, 이탈리아 카르피의 말리에레 비에세치 SPA는 챔피온 브랜드 의류를 생산하는 라이센스 계약을 체결했다. 이 계약하에 제품들은 이탈리아와 유럽의 다른 지역에서 통상 "Champion U.S.A."라는 브랜드명으로 판매되었다. 이는 미국에서 1980년대 초반에 출시된 챔피온의 첫 번째 브랜드 라인에 영향을 미쳤으며, 이 라인에서는 종종 Champion U.S.A. 로고를 그래픽에 사용했다(1980년 초반까지 미국에서는 챔피온 로고를 옷 외부에 프린트한 제품을 제작하지 않았다*). 챔피온 유럽은 라이센스 계약을 통해 챔피온 로고가 들어간 스포츠웨어와 유니폼을 제작해 챔피온 브랜드를 세계적으로 확장시켰다. 또한 챔피온 유럽은 1991년부터 2009–2010 시즌 말까지 유럽 시장에 판매되는 NBA 선수용 유니폼 및 레플리카 저지의 제조 라이센스를 독점했다. 그리고 2016년에 헤인즈브랜드가 라이센스 사업을 인수하여 챔피온 유럽 지사가 되었다.

QUARTER-ZIP HOODIE

100% cotton with Lastone print

Champion Europe, 1989

Melissa Munger

REPLICA FOOTBALL JERSEY

100% polyester with
sublimated print

Parma F.C./Champion Europe, 1999

No Money Thrift

**EUROPEAN NBA REPLICA
JERSEY**

100% polyester with
sublimated print

NBA/Champion Europe, 1990s

Select Vintage

챔피온 캐나다

1983년부터 온타리오주 궬프에 기반을 둔 레이븐스 니트 Ravens Knit는 챔피온 브랜드로 제품을 제작할 수 있는 라이센스를 받았다. 특히 "Champion by Ravens Knit" 라벨은 CFL Canadian Football League, AHL American Hockey League 및 대학 유니폼에 많이 쓰였다. 1980년대에는 77QS(챔피온의 대표적인 헤비웨이트 티셔츠 모델명*)와 리버스위브 같은 챔피온의 대표 제품의 캐나다산 버전이 제작되었다. 이 제품들은 챔피온 브랜드 로고가 들어간 제품 또는 라이센스를 받아 생산한 대학 및 스포츠팀 유니폼이었다.

CFL REPLICA JERSEY

100% polyester with Lastone print

Toronto Argonauts, 1980s

챔피온 풋웨어

1987년 2월, 피닉스 인티그레이티드Phoenix Integrated는 챔피온과 라이센스 계약을 체결해 챔피온 상표를 신발에 사용할 수 있는 독점 권리를 획득했다. 피닉스의 사장 및 CEO인 로베르토 뮬러는 포니PONY의 창립자이자 유윙 애슬레틱스Ewing Athletics(1990년대 NBA 뉴욕 닉스의 센터 패트릭 유윙이 참여해 탄생한 농구화 브랜드*) 및 시어스 백화점의 PB 브랜드인 위너Winner를 디렉팅하기도 했다.

챔피온 풋웨어는 로버트 패리시, 블레이드 디박, 글렌 라이스 등 NBA 스타를 홍보대사로 썼음에도 불구하고 선수용 및 일반 소매 시장에서 그저 그런 정도의 실적을 올리는 데 그쳤다. 결국에는 두 당사자 간의 계약 문제로 인해 라이센스가 철회되었다. 1990년대 후반 챔피온 풋웨어는 챔프스Champs와 풋락커Footlocker에 판매되었으며, 2007년에는 페이리스 슈즈Payless Shoes와 새로운 계약을 체결했다.

C-SLAM HI MODEL

Genuine leather

Champion Footwear, 1988

NOVEMILA

스웨터 SWEATERS

스웨터

1924 ~ 1920년대 후반

1920년대 후반 ~ 1930년대 초반

1930년 ~ 1933년

1933년 ~ 1935년

1935년 ~ 1950년대

1940년대 후반 ~ 1950년대

1956년 ~ 1967년

1967년 ~ 1969년

1967년 ~ 1970년대

1969년 ~ 1980년대 초반

1981년 ~ 1990년대 초반

1990년대 중반 ~ 후반

챔피온 니트웨어 밀스 광고, 1931년

챔피온 니트웨어 밀스 광고, 1927년

쉐이커 니트 스웨터
============

1924년 초 챔피온은 자회사인 로체스터 니팅 코퍼레이션을 설립하고 니트웨어 전문가인 프레드 안케를 고용해 로체스터 시내에서 스웨터 생산을 담당하도록 했다. 1926년에는 뉴욕주 로체스터 동쪽의 작은 마을인 라이언스에 맥스 뮌젤이 관리하는 두 번째 공장을 열었다. 챔피온의 양모 스웨터는 솔칼라, V넥, 크루넥 등 당시 유행하는 스타일을 기반으로 다양한 색상과 사이즈로 제작되었다. 모든 제품은 파인 게이지(얇은 실. 게이지 숫자가 올라갈수록 얇은 실이며 더 고급으로 간주됨*)의 100퍼센트 양모사로 짜여 스포츠웨어 용도로 디자인되었다. 챔피온의 스웨터는 미 동북부의 백화점 및 소규모 소매점들에 도매로 판매되었다. 아마도 이 시대에 제작된 챔피온 제품 중 현존하는 가장 오래된 옷은 여기 사진의 갈색 솔칼라 풀오버일 것이다. 특히 이 스웨터는 2002년 개봉된 영화 〈로드 투 퍼디션〉의 등장인물 중 하나인 마이클 설리번 주니어가 영화 의상으로 착용하기도 했다.

SHAWL COLLAR PULLOVER

100% wool with button closure

Champion Knitwear Mills, 1920s

Dykeman Gallery

V-NECK PULLOVER

100% wool

Champion Knitwear Mills, 1920s

Joint Custody

스웨터

바시티 풀오버

바시티 어워드 스웨터는 대학 운동부 선수들이 낸 성적이나 성취한 결과에 대한 징표로 지급된 옷으로, 20세기 초반 미국 대학 캠퍼스의 주요 아이템이 되었다. 1920년대 후반 대학교 유니폼 시장에서 이 스웨터의 수요가 증가하면서 챔피언의 영업사원들은 대학교와 운동부들에게 제품을 직접 판매하기 시작했다. 이렇게 판매되는 스웨터는 일반 소매점을 통해 판매되던 것과 동일한 쉐이커 니트 스타일이었으며, 주로 브이넥이나 크루넥 디자인이었다. 바시티 스웨터가 일반적으로 팔리던 스웨터와 다른 점은 쉐닐로 된 바시티 문자 로고와 운동선수가 몇 년간 팀에서 활동했는지를 나타내기 위해 팔에 몸통과 대조되는 색으로 짜 넣은 줄무늬였다. 1930년대 초기에는 짧은 시기 동안 "올림픽 챔피언"이라는 상표 라벨을 붙여서 출시되었지만, 올림픽 챔피언 후원사와의 상표 등록 문제로 챔피언은 라벨에서 "올림픽"이라는 단어를 제거하고 "챔피언"으로 브랜드 이름을 수정하게 되었다.

V-NECK PULLOVER

100% wool with chenille emblem

Carson-Newman University, 1930s

Chris Currier

CREW NECK PULLOVER

100% wool with chenille emblem

NC State University, 1930s

Tags & Threads

CREW NECK PULLOVER

100% wool with chenille emblem

North Tonawanda High School, NY, 1940s

스쿨 풀오버

뉴욕주 라이언스에 있는 챔피온 스웨터 공장은 파인블룸 가족이 로체스터 니팅 코퍼레이션을 당시의 공장장 맥스 뮌젤에게 매각한 대공황 초기 몇 년 동안 생산을 계속했다. 당시 매각 조건은 뮌젤이 챔피온의 학교 사업을 위해 스웨터를 계속 공급하는 것이었다. 그는 공장을 펜실베니아주 홀리로 옮겼고, 저렴한 외국산 제품 때문에 결국 공장 문을 닫게 된 1970년대까지 울과 합성섬유로 된 스웨터를 계속 생산했다. 1930년대에서 1970년대 사이에 생산된 챔피온 브랜드 라벨이 달린 스쿨 스웨터는 뮌젤의 공장에서 생산된 제품이 많았다. 또한 이 공장에서는 "뮌젤 니트"라는 브랜드로도 제품을 생산했다.

CREW NECK PULLOVER

100% wool with felt letters

Class of 1934, 1930s

Peter Papadakis

V-NECK PULLOVER

100% wool with chenille letters

Phi Alpha Fraternity, 1940s-50s

Coral Fang Atelier

CREW NECK PULLOVER

100% wool with felt letters

Oberlin College, 1930-40s

Antique Sports Shop

스웨터

카디건 코트

1960년대 합성섬유의 등장으로 인해 생산 단가가 낮아지고 세탁이 쉬운 새로운 스웨터 스타일이 등장했다. 이 시기에도 챔피온은 여전히 바시티 스웨터와 노벨티 스웨터(여러 가지 무늬를 짜 넣은 스웨터*)를 대학교 서점에 공급했지만 그 수량은 제한적이었다. 카디건 어워드 스웨터는 챔피온이 생산했던 마지막 전통 스타일의 스웨터로, 1970년대까지 제품 카탈로그에 포함되어 있었다.

STYLE CBC

100% wool with tackle twill and chain-stitching

"W" Pep Club, 1970s

CHAMPION PRODUCTS
INC.
ROCHESTER, N.Y.

HAND WASH · COLD WATER · MILD SOAP
SPREAD FLAT TO SHAPE · AIR DRY
DO NOT BLEACH

100% ACRYLIC

RN 26094   MADE IN U.S.A.

STYLE CBC

100% wool with chenille letter

"C" Varsity Band, 1940s

Glances Back Vintage

STYLE 300C

100% acrylic with chenille letter

"W" Varsity, 1970s

Scratch The Surface

도란 풀오버

"도란 캐주얼Doran casual" 스웨터는 1966년 소개된 이래 챔피온의 가장 인기 있는 대학교 스웨터 스타일 중 하나로 1980년대 중반까지 생산되었다. 이 스웨터는 세일 니팅 컴퍼니Sale Knitting Company(이후 털텍스Tultex)가 공급했으며, 이 회사는 자신의 "캐주얼스 오브 크레슬란Casuals of Creslan", "캐주얼스 오브 크레슬란 & 레이온Casuals of Creslan & Rayon" 라인으로도 이 제품을 생산했다. 이 합성섬유로 만든 스웨터들은 울 제품에 비해 매우 경제적이었으며, 울 소재의 스웨터에 비해 세탁도 훨씬 쉬웠다. 모든 도란 스웨터는 V넥 디자인으로 만들어졌으며 스웨트셔츠의 사양을 따라 하기 위해 안감은 기모 플리스로 처리했다.

STYLE DORAN (S1634)

Acrylic/rayon blend with
Duracraft print

Willamette University, 1970s

대학교 크루넥 스웨터

1980년대 초반의 짧은 기간 동안 챔피온은 아시아에서 생산된 합성섬유 스웨터를 수입해 대학교용 의류 라인을 보강했다. 동시에 이 시기에는 미국 내에서 생산된 100퍼센트 면 스웨터도 등장했다. 이는 도란 스웨터와 아크릴 소재로 만든 다른 스웨터들을 대체하는 인기 품목이 되었다. 여기에 나와 있는 사진의 예시는 1990년대 중반에 챔피온의 대학교 컬렉션으로 생산된 마지막 제품 중 하나이다. 이 시기 스웨터들의 특징은 짜임이 도드라지는 니트 패턴과 자수로 된 대학 휘장이다.

CREW NECK SWEATER

100% cotton herringbone
with embroidery

University of Wisconsin, 1990s

Sucker Creek Camp

스웨트셔츠

1920년대 후반 ~ 1930년대 초반

1930년 ~ 1933년

1933년 ~ 1935년

1930년대 후반 ~ 1940년대

1940년대 후반 ~ 1950년대

1940년대 후반 ~ 1950년대

1950년대 후반 ~ 1960년대 초반

1950년대 후반 ~ 1960년대 초반

1960년대 중반

1960년대 중반

1960년대 중반

1967년 ~ 1969년

1969년 ~ 1980년대 초반

1980년대 초반 ~ 1990년대

1981년 ~ 1990년대 초반

1990년 ~ 1990년대 중반

1990년대 후반 ~ 2000년대

팀 유니폼 크루넥

세트인 슬리브(어깨선 부위에 소매를 봉제한 형태*)

리버스위브가 출시되기 10년 전인 1928년, 챔피온은 스웨트셔츠와 스웨트팬츠를 스포츠웨어 라인에 추가했다. 처음에는 챔피온의 가장 비싼 울 스웨터 제품을 대체할 연습복이나 웜업(운동 전후, 또는 휴식 때 몸을 덥히기 위해 입는 옷*) 용도로 출시되었다.

듀라크래프트 프린트 기법의 도입과 뉴욕주 북부의 풍부한 면 의류 생산 인프라 덕분에 챔피온은 1930~1950년대에 운동부와 스포츠팀용으로 주문 제작하는 스웨트셔츠를 공급하는 가장 큰 업체 중 하나로 성장했다. 크루넥에 세트인 슬리브 사양의 스웨트셔츠는 1950년대 초에 더 발전된 형태의 리버스위브 시리즈가 출시되기 전까지 팀 유니폼용으로 가장 많이 판매된 스타일로 보인다. 여기 사진에 있는 MIT 스웨트셔츠와 같은 초창기에 만들어진 옷들은 듀라크래프트 프린트 기법이 도입되기 전이라 펠트 천을 봉제해 레터링을 한 사양이 특징이다.

STYLE 1000

100% cotton with felt lettering

Massachusetts Institute of Technology, 1930s

Kotaro Asai

STYLE SS/GM

100% cotton with Duracraft print

University of Colorado, 1930s

Kotaro Asai

STYLE SS/GM

100% cotton with Duracraft print
and stenciled letters

St. Louis University, 1940s

Found Indiana Vintage

STYLE NSS

100% cotton with Aridye print

Ball State University, 1950s

Alex Thayer

STYLE CSS

100% cotton with Lastone print

Brockport State, 1960s

SOUVENYR

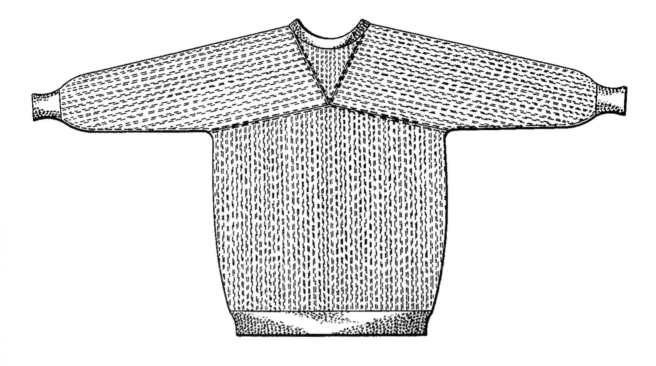

ATHLETIC SHIRT OR SIMILAR ARTICLE
Filed Feb. 10, 1938

"라바트RABART"

챔피온의 역사상 가장 큰 미스터리 중 하나는 리버스위브와 같은 해에 디자인
된 이 독특한 스타일의 스웨트셔츠다. 1938년 2월 10일에 샘 프리드랜드(Sam
Friedland, 리버스위브의 창시자*)에 의해 특허를 받은 이 새로운 스타일의 "애슬
레틱 셔츠"는 앞면과 뒷면 목 부위에 커다란 V자 형상의 천이 삽입되는 디자
인이다. 앞뒤의 V자 천은 양쪽 소매 부위와 봉제로 연결된다. 이 스웨트셔츠의
대부분은 대담하고 대비가 강한 색상으로 만들어져 "라바트"라는 태그를 달
고 백화점과 몇몇 소매점들에서 판매되었다. 특허를 받은 이 디자인은 글렌이
글스 스포츠웨어Gleneagles Sportswear와 같이 챔피온과 관련 없이 스웨트셔츠
를 만들고 판매했던 여타의 제조업체들이 라이센스를 받아 생산했을 가능성
이 높다.

RABART SWEATSHIRT

100% cotton

Champion Knitwear, 1930s-1940s

Champion Japan "Rabart" reproduction label,
2010s

챔피온 니트웨어 스웨트셔츠
광고, 1958년

챔피온 니트웨어 스웨트셔츠
광고, 1961년

챔피온 스웨트셔츠 홍보 사진,
1965년

소매점 판매용 크루넥

세트인 슬리브

1930년대에서 1950년대에 소매점 판매용으로 발매된 초창기 버전 스웨트셔츠는 "NSS"라는 스타일명으로, 크루넥에 세트인 슬리브와 플로킹으로 프린트된 대학교 로고가 특징이다.

이 세트인 슬리브 디자인은 제2차 세계대전 이후 스웨트셔츠가 인기를 끌며 다양한 디자인이 나오기 전까지 대학교 서점에서 가장 많이 팔린 스타일이었다. 1960년대에 이르러서는 대학교 서점에서 수요가 높아진 래글런 슬리브의 스웨트셔츠가 세트인 슬리브로 된 전통적인 크루넥 스타일을 밀어냈다. 이 전통적인 크루넥 스타일은 1970년대와 1980년대에도 계속 공급되었지만 큰 인기를 얻지 못하다가, 1990년대가 되어서야 비로소 다시 주목을 받았다.

STYLE NSS

100% cotton with Duracraft print

Purdue University, 1950s

Runlong Dong

STYLE CSS

100% cotton with Duracraft print

University of Florida, 1950s

Dave's Freshly Used

STYLE CSS

100% cotton with Aridye print

Wayne State University, 1950s

Black State Co

소매점 판매용 크루넥

래글런 슬리브

챔피온의 래글런 스타일 스웨트셔츠는 1950년대 중반에 면 100퍼센트로 만들어져 스타일명 "CRSS"로 소개되었다. 1960년대에 면과 합성섬유가 혼방된 버전과 100퍼센트 합성섬유로 된 버전이 소개되면서, 세탁과 관리의 용이성과 다양한 색상 옵션 덕분에 학생들이 가장 많이 선택하는 제품이 되었다. 면과 폴리에스터를 50퍼센트씩 혼방한 제품의 광고에서는 면 100퍼센트로 된 제품에 비해 이 제품이 "보다 가벼우며 물 빠짐과 수축에 더 강하다"라고 설명하고 있다.

이 스웨트셔츠는 전통적으로 운동복에서 많이 사용하는 색상 이외에도 수십 가지의 다양한 색상으로 만들어져 패션에 민감한 학생들 사이에서 인기를 끌었다. 이 제품들 대부분은 노스캐롤라이나주의 워싱턴 밀스와 버지니아주의 세일 니팅 컴퍼니에서 제조해 챔피온에 납품되었다.

STYLE CRSS

100% cotton with Duracraft print

Geneseo State College, 1960s

Shayne Kelly

MEDIUM

STYLE CRSS

100% cotton with Lastone print

Florida State University, 1960s

Doug Ramos

LARGE

STYLE CRSS

100% cotton with Champspray print

Purdue University, 1967

Eduardo Murillo

LARGE

STYLE CRSS

100% cotton with Lastone and Aridye prints

Shawnee Mission South High School, KS, 1960s

Raggedy Threads

STYLE CRSS

Cotton/polyester blend with Duracraft print

Universite Geneve/Dealacroixriche, 1970s

Found Indiana Vintage

후드 사이드라인 파카

면 100퍼센트에 두 배로 두꺼운 원단을 사용한 챔피온의 이 후드티는 1930년대에 스타일명 "PDSL"을 붙이고 스포츠팀 유니폼 라인으로 소개되었다. 이 "사이드라인 파카"는 미식축구 선수들이 어깨보호대를 착용한 채로 그 위에 입을 수 있도록 디자인되어, 경기 도중 휴식 중인 선수들이 추운 날씨에서 체온을 유지하는 용도로 활용됐다. 나중에는 미식축구 선수들 이외에도 가을겨울 시즌에 야외에서 운동을 하는 선수들이 이 후드티를 입었다. 사진 속 스타일명 PDSL의 예시들은 1940년대에서 1960년대 사이에 만들어진 주요한 두 가지 형태를 보여준다. 후드는 스웨트셔츠의 목 라인을 따라 봉제되거나 이미 만들어진 크루넥 위에 덧붙여졌다. 주머니의 형태도 다르다. 처음에는 따로 떨어진 주머니 두 개였다가 1960년대에 이르러 한 개짜리 주머니로 바뀌게 된다. 다양한 패턴의 후드티가 존재했었다는 사실로 미루어보아 대부분, 혹은 모든 제품들이 유티카 니팅 컴퍼니Utica Knitting Company 또는 페리 니팅 밀스Perry Knitting Mills 같은 여러 다른 제조업체들에 의해 하청 생산되었을 것으로 추정된다.

STYLE PDSL

100% cotton with stencil lettering

Harvard Athletic Association, 1940s

Champion® Archive/Hanesbrands Inc.

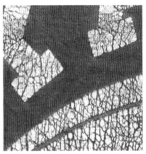

STYLE PDSL

100% cotton with printed emblem

Yale University, 1940s-1950s

Takahiro Kojima

STYLE PDSL

100% cotton with Duracraft and
stencil print

U.S. Naval Academy, 1950s

Urchin Gallery - Joseph Fuentes

사이드라인 후드티/크루넥

1960년대 후반에서 1970년대에 걸쳐 스타일명 PDSL 후드티의 업데이트된 버전이 스포츠팀 유니폼용으로 소개되었다. 이 시기에는 미식축구 팀 대부분이 가벼우면서 방수가 되는 나일론 소재의 웜업이나 안감이 있는 재킷으로 관심을 돌리기 시작했다. 1980년대에는 앞면에 주머니가 있는 크루넥 디자인의 PDSL 스타일이 출시되었고, 이는 대학교 서점과 스포츠팀 유니폼 시장에서 동시에 판매되었다.

1970년대와 1980년대에 생산된 PDSL 제품 중에는 리버스위브 태그가 달려 있는 것들이 많이 보이는데, 재단된 패턴을 보면 리버스위브 제품과 매우 유사하지만 리버스위브의 핵심적인 특징인 익스펜션 거싯은 쓰이지 않았다.

STYLE PDSL

100% cotton with Lastone print

Wakefield Public Schools, MA, 1960s

Jameson Sweiger

STYLE PDSL

100% cotton with Lastone print

"Reserve", 1970s

Andrew Mercer

STYLE PSDL/CREW

Cotton/acrylic/rayon blend with Lastone print

Pennsylvania State University, 1980s

후드 스웨트셔츠

1950년대에 챔피온은 PDSL 사이드라인(경기장을 표시한 측면 경계선 바깥을 말한다*) 파카의 두께를 반으로 줄인 버전을 만들어 대학교 서점과 스포츠팀 유니폼 시장에 모두 공급했다. 스타일명을 "HOOD"라 붙인 이 라인의 제품은 면 소재의 플리스 안감이 한 겹 들어간 원단에 후드와 후드 조절 끈, 전면 주머니가 특징이었다. 이런 대표적인 특징은 동일하게 유지되었지만 1950년대에서 1970년대에 걸쳐 소매 유형, 마감 봉제 방식, 그리고 여러 디테일에서 많은 변화를 보였다. 크루넥 스웨트셔츠와는 다르게 고객들이 커스텀 주문 시 세트인 슬리브와 래글런 슬리브 중 하나를 고르는 옵션 등의 디테일 지정이 불가능했다. 스타일명 "ZIP HOOD"는 풀 집업 후드티로, 이 시기 챔피온이 생산한 유일하게 다른 스타일의 후드티 모델이었다. 1980년대에는 미국 내 생산과 타국 생산 옵션 양쪽에서 대담하고 강렬한 색상의 새로운 스타일이 소개되었다. 이 스타일은 종종 복잡한 패턴으로 커팅된 부위에 몸판과 대조되는 천이 들어가는 디자인으로 출시되기도 했다.

STYLE HOOD

100% cotton with Duracraft print

Castle Heights Military Academy, 1960s

Found Indiana Vintage

STYLE HOOD

100% cotton with Duracraft print

New Mexico Military Institute,
1950s

James Landers

STYLE HOOD

100% cotton with Lastone print

Messmer High School, 1960s

Jameson Sweiger

STYLE ZIP HOOD

Cotton/polyester blend with
Lastone print

Purdue University, 1970s

Tags & Threads

STYLE HOOD

Cotton/acrylic blend with
Lastone print

Syracuse University, 1980s

Gumshoe Vintage

반팔 스웨트셔츠

챔피온에서 처음 나온 반팔 스웨트셔츠는 1950년대에 출시된 스타일명 "JACQUARD"로, 자카르 직기로 짜는 스웨터를 면으로 모방한 제품이었다. 더 전통적인 플리스 안감의 "하프 슬리브" 스웨트셔츠인 스타일명 "CRSS/HS" 제품이 대학교용 의류 라인에 추가된 것은 1961년이 되어서였다. 이 반팔 스웨트셔츠는 1960년대에서 1970년대에 인기가 절정에 이르러 열 가지가 넘는 디자인 옵션을 가지고 발매되었다. 줄무늬가 들어간 넥라인과 소매의 리브부터 브이넥까지, 이 스웨트셔츠는 여러 패셔너블한 요소들을 포함하고 있었고, 다양한 색상에 강렬한 프린트를 찍을 수 있도록 다양한 옵션을 제공했다. 1980년대에는 영화 〈플래시댄스〉의 개봉 이후 영화에서 주인공이 가위로 소매와 목 부분을 자른 스웨트셔츠를 입고 나온 것에 영향을 받아 소매 끝을 자르고 봉제하지 않은 형태의 반팔 스웨트셔츠가 아주 짧은 기간 동안 인기를 끌기도 했었다. 면 100퍼센트 버전과, 면과 합성섬유가 혼방된 버전의 전통적인 반팔 래글런 스웨트셔츠는 1980년대 말까지 계속 생산되었다.

STYLE JACQUARD

100% cotton with Aridye print

University of Wisconsin, 1950s

Jameson Sweiger

STYLE ZCT/SS

100% cotton with Duracraft printing

Oregon State University, 1960s

Todd Snyder New York

STYLE CRSS/HS

100% cotton with Lastone and Aridye prints

University of Notre Dame, 1960s

Todd Snyder New York

STYLE CRSS/HS

100% cotton with Lastone print

University of Michigan, 1960s

Derek Wood

STYLE OLYMPIC

100% cotton with Lastone print

Camp Miramar, MA, 1960s

@dennytats

스웨트팬츠

챔피온 니트웨어 밀스는 1928년 스포츠웨어 라인으로 스웨트팬츠를 처음 소개했다. 사진 속 스타일명 "1000/TP" 스웨트팬츠는 이 초창기 컬렉션이 발매된 시기에 출시된 제품으로, 면 제품 중 현존하는 가장 오래된 예시로 알려져 있다. 1950년대까지 기본 스웨트팬츠는 스웨트셔츠와 함께 구성되어 농구나 미식축구 선수들이 입는 웜업 세트로 판매되었다. 1952년에 챔피온의 리버스 위브 스웨트팬츠가 소개된 이후에는 기본 버전의 스웨트팬츠는 주로 대학교 서점 또는 리버스위브보다 싼 대체재를 찾는 스포츠팀들에게 판매되었다.

STYLE 1000/TP

100% cotton with zip closures

Champion Knitwear Mills, 1920s

Kotaro Asai

STYLE 2000/TP

100% cotton with Lastone print

Brebeuf Jesuit Preparatory School, IN, 1960s

Big Johnson Archive

STYLE 2000/TP

100% cotton with Aridye print

New York University, 1970s

Front General Store

리버스위브

1930년대 후반 ~ 1940년대

1940년대 후반 ~ 1950년대 초반

~ 1950년대 초반

1950년대 초반 ~ 1960년대 초반

1960년대 초반

1960년대 초반 ~ 1967년

1960년대 중반 ~ 1967년

1967년 ~ 1969년

1969년 ~ 1970년대 초반

사이즈에 따른 라벨 색상

사이즈에 따른 라벨 색상,
XL는 금색과 검은색을 혼용

1970년대 초반 ~ 1970년대 후반

모든 라벨 색상이
파란색으로 변경,
XL만 빨간색을 혼용

1970년대 후반 ~ 1981년

1981년 ~ 1990년

1990년 ~ 1990년대 중반

1990년대 후반

1990년대 후반 ~ 2000년대

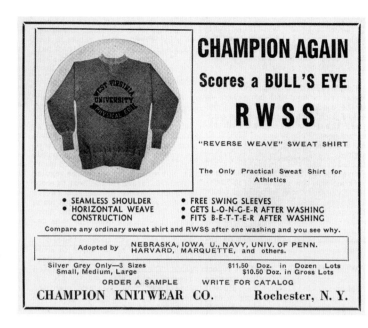

RW 크루넥

1차 특허

리버스위브는 챔피온의 세일즈맨이었던 샘 프리드랜드가 운동선수들에게 더 잘 맞는 핏의 스웨트셔츠를 만들고자 디자인했다. 그는 히키 프리먼에서 패턴사로 일했던 경험을 살려 당시 스웨트셔츠에서 흔히 나타나는 세로 방향의 수축을 없애기 위해 원단 방향을 횡으로 회전시켰다. 1차로 특허를 낸 리버스위브는 세트인 슬리브 방식이 아닌 몸통과 소매를 통째로 재단해 앞면과 뒷면을 옆구리에서 이어 붙이는 방식으로 만들어졌다. 이 새로운 스타일은 아마도 1930년대 중반부터 생산되었을 테지만 특허가 등록된 것은 1938년 8월 9일이었다. 챔피온 세일즈맨들은 이 스웨트셔츠를 "리버스위브"라고 불렀다. 사실 스웨트셔츠는 니트이기 때문에 위브라고 부르는 것은 틀린 표현이었으나 그 이름은 결국 바뀌지 않았다. 여기에 소개된 두 가지의 스웨트셔츠는 현재 알려진 것 중에는 가장 초창기에 생산된 챔피온 특유의 실버 그레이 색상 리버스위브 제품이다.

STYLE RW/SS

100% cotton with stencil lettering

University of Iowa, 1930s-1940s

Yasuhiko Araya

STYLE RW/SS

100% cotton with Duracraft design

Macalester College, 1930s-1940s

Yasuhiko Araya

RW 크루넥

2차 특허

1938년에 등록한 리버스위브 특허가 만료될 무렵 샘 프리드랜드와 빌 파인 블룸은 새로운 패턴과 특징을 갖춘 업데이트 버전의 리버스위브를 만들었다. 1952년 10월에 특허를 받은 이 스웨트셔츠는 옆구리의 봉제선과 목 부위의 V 자 인서트를 제거하고 대신에 측면 거싯과 세트인 슬리브를 도입했다. "익스펜션 거싯"은 새로운 버전의 리버스위브의 가장 핵심적인 특징으로, 겨드랑이 아래로 옆구리 부위에 삽입되어 몸통 폭이 수축되어 줄어드는 것을 보완하는 역할을 한다. 이 현대화된 버전은 이후 수십 년간 헤비웨이트 스웨트셔츠의 표준이 되었고, 챔피온이 가장 인기 있는 스포츠웨어 공급업체가 되는 데 큰 역할을 했다.

STYLE RW/SS

100% cotton with Aridye print

University of Tennessee, 1950s

Michael Cale Darrell

SMALL
"REVERSE WEAVE"
U.S.PAT.NO.2,126,166
"EXPANSION GUSSET"
U.S.PAT.NO.2,613,360
CHAMPION KNITWEAR CO., INC.
ROCHESTER, N.Y.

"REVERSE WEAVE"
U.S. PAT. NO. 2,126,166
"EXPANSION GUSSET"
U.S. PAT. NO. 2,613,360
100% COTTON
CHAMPION KNITWEAR CO., INC.
ROCHESTER, N.Y.
MADE IN U.S.A.
MEDIUM

STYLE RW/SS

100% cotton with Lastone print

Colorado State University, 1960s

Keith Stearns

CHAMPION KNITWEAR CO., INC.
"REVERSE WEAVE"
"EXPANSION GUSSET"®
MEDIUM
100% COTTON   RN 26094
DO NOT DRY CLEAN · DO NOT IRON EMBLEM

STYLE RW/SS

100% cotton with Aridye print

Downers Grove South High School,
IL, 1960s

Alex Thayer

CHAMPION PRODUCTS INC.
L
REVERSE WEAVE · EXPANSION GUSSET
90% COTTON · 10% POLYESTER · RN 26094
MADE IN U.S.A.

STYLE RW/SS

100% cotton with Aridye print

Pomona College, 1960s

James Guhlke

CHAMPION PRODUCTS INC.
L
REVERSE WEAVE · EXPANSION GUSSET
90% COTTON · 10% POLYESTER · RN 26094
MADE IN U.S.A.

STYLE RW/SS

100% cotton with Lastone print

Harvard University, 1960s

Sam Kleiman

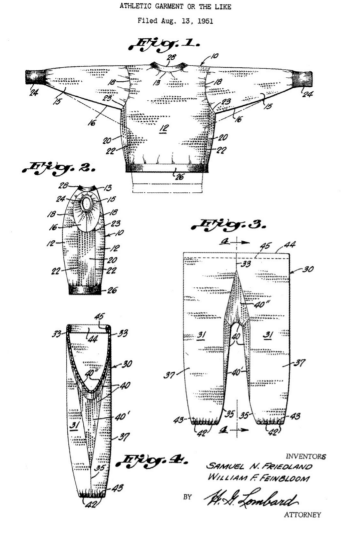

Oct. 14, 1952   S. N. FRIEDLAND ET AL   2,613,360
                    ATHLETIC GARMENT OR THE LIKE
                       Filed Aug. 13, 1951

리버스위브 2차 특허,
1952년

INVENTORS
SAMUEL N. FRIEDLAND
WILLIAM F. FEINBLOOM
BY
ATTORNEY

RW 크루넥과 스웨트팬츠

2차 특허

1952년에 챔피온이 받은 2차 특허에는 크루넥 스웨트셔츠에 추가된 익스펜션 거싯의 콘셉트를 적용해 사타구니부터 다리 안쪽 부위에 거싯을 넣은 리버스위브 스웨트팬츠도 포함되어 있었다. 1952년경부터 모든 리버스위브 제품에는 1차 및 2차 특허 번호와 함께 "리버스위브"라고 표기된 라벨이 부착되었다. 이 새로운 태그는 리버스위브와 익스펜션 거싯을 브랜드화해서 특허를 보호하기 위한 목적으로 만들어졌다. 초기에는 실버 그레이 색상으로 XS에서 L 사이즈만 생산했지만, 1950년대 후반부터 색상과 사이즈 옵션을 늘려 나갔다.

STYLE RW/SS

100% cotton with Aridye print

Buena High School, CA, 1960s

Jameson Sweiger

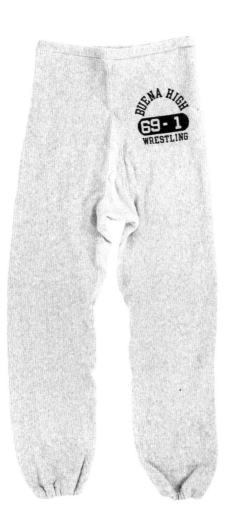

STYLE RW/TP

100% cotton with Aridye print

Buena High School, CA, 1960s

Jameson Sweiger

RW 크루넥

컬러 버전

1959년부터 리버스위브에 다른 색상이 추가되면서 스타일명이 "RWSS/N"으로 정해졌는데, 추가된 다른 색상은 남색이었다. 이후 1960년대 중반부터는 "RWSS/C"라는 스타일명을 통해 스포츠팀 유니폼 색상 중 수요가 많은 색상을 중심으로 제공되기 시작했다. 상의와 하의 모두 사용 가능한 색상 옵션으로는 실버 그레이, 네이비, 건메탈 그레이, 스칼렛, 다크 그린, 로열, 마룬, 블랙이 제공되었다. 1973년에는 색상 옵션이 약간 변경되어 블랙 대신 애슬레틱 골드가 추가되었다.

STYLE RWSS/N

100% cotton with Duracraft print

Columbia University, 1950s

Jason Munoz

SMALL
"REVERSE WEAVE"
U.S. PAT. NO. 2,126,166
"EXPANSION GUSSET"
U.S. PAT. NO. 2,613,360
CHAMPION KNITWEAR CO., INC.
ROCHESTER, N.Y.

STYLE RWSS/C

100% cotton with Lastone print

State College Area High School, PA, 1960s

Past to Present Vintage

STYLE RWSS/C

100% cotton with Lastone print

Salpointe Catholic High School, AZ, 1960s

Nicholas Leluan

STYLE RWSS/C

Cotton/polyester blend with Lastone print

Philadelphia Eagles, 1960s

Found Indiana Vintage

STYLE RWSS/C

Cotton/polyester blend with Lastone print

University of Minnesota, 1970s

Retro Heads

리버스위브 크루넥
공식 색상,
1930~1970년대

| 1938 | 1959 | 1965 | 1965 | 1965 | 1966 | 1967 | 1967 | 1973 |

RW 후드 스웨트셔츠

그레이

리버스위브 후드티는 1958년에서 1959년경에 실버 그레이 색상으로 처음 발매되었다. 리버스위브 시리즈와 동일한 원단에 측면의 익스펜션 거싯, 앞면의 주머니, 원단을 이중으로 쓴 후드, 후드 조절 끈이 추가되었다. 끈 구멍의 테두리에는 반복적으로 끈을 조일 때 천이 찢어지는 것을 방지하기 위해 타원형의 얇은 아일릿을 부착했다. 1960년대 후반에는 타원형 아일릿이 원형 황동 아일릿으로 변경되었다. 초기에 생산된 리버스위브 후드티는 그 전신인 스타일명 PDSL에 사용했던 프린트 기법을 사용해 전면 대신 후면에 프린트를 하는 경우가 많았다.

STYLE RWSS/H

100% cotton with Aridye print

Leuzinger High School, CA, 1960s

Zac Dierssen

CHAMPION KNITWEAR CO., INC.
"REVERSE WEAVE"®
"EXPANSION GUSSET"®
MEDIUM
100% COTTON   RN 26094
DO NOT DRY CLEAN · DO NOT IRON EMBLEM

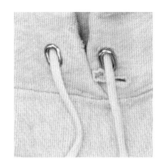

STYLE RWSS/H

Cotton/polyester blend with
Lastone print

John Adams High School, OR,
1960s

Noah Rael

STYLE RWSS/H

Cotton/polyester blend with
Lastone print

Edina West High School, MN, 1970s

Andrew Mercer

RW 후드 스웨트셔츠

스포츠팀 유니폼 색상

리버스위브의 다른 색상은 1963년에 남색 후드티로 처음 발매되었고, 1966년에는 다크 그린 색상이 추가되었으며, 이후 10여 년에 걸쳐 다섯 가지 색상이 더 추가되었다. 1960년대 후반부터 리버스위브 원단에 합성섬유를 사용하기 시작했으며 후드 끈 구멍의 아일릿도 개선되었다. 새롭게 제정된 의류의 가연성 기준을 준수하면서 의류의 내구성을 높이기 위해 면 100퍼센트 원단에서 면 90퍼센트에 폴리에스터 10퍼센트를 혼방한 원단으로 변경되었다. 이 시기에는 불경기와 면 가격의 상승에 따른 영향으로 원단을 절약하기 위해 리버스위브의 재단 패턴이 조정되었다. 패턴 변경으로 인해 후드의 크기가 줄어들어 후드를 쓰고 벗는 데 어려움을 느낀 운동선수들은 목 라인에서 가슴 부위까지 옷을 잘라 입기도 했다.

STYLE RWSS/H

Cotton/acrylic blend with
Lastone print

University of New Hampshire,
1970s

Stay Tuned Vintage

STYLE RWSS/H

Cotton/acrylic blend with
Lastone print

University of Oregon, 1970s

Michael Cale Darrell

STYLE RWSS/H

100%, cotton/acrylic blend with
Lastone print

North Central High School, IN,
1970s

Jesse Cork

STYLE RWSS/H

Cotton/polyester blend with
Lastone print

"Jefferson Track", 1970s

Devin Alters - 2ndhandserves

STYLE RWSS/H

Cotton/acrylic blend with
Lastone print

Cincinnati Bengals, 1980s

David Grant

리버스위브 후드티 공식 색상,
1950~1970년대

| 1958 | 1963 | 1966 | 1969 | 1969 | 1969 | 1973 | 1973 |

RW 스웨트팬츠

특허를 받은 거싯이 사타구니와 다리 부위에 추가된 것 이외에도, 1세대 리버스위브 스웨트팬츠는 1950년에서 1960년대에 걸쳐 핏과 스타일에서 많은 변화가 있었다. 1970년대에는 허리 끈 구멍 테두리에 황동 아일릿을 부착했고, 원단의 낭비를 줄이기 위해서 새롭게 표준화된 재단 패턴이 적용되었다. 1980년대에는 리버스위브 스웨트가 처음으로 일반 소매시장에 출시되면서, 캐주얼한 용도로 스웨트팬츠를 입는 일반 고객들을 위해 다리에 들어가는 거싯이 없어지고 주머니가 추가되었다.

STYLE RWTP

100% cotton with Lastone print

"Athletic Dept.", 1960s

BerBerJin

CHAMPION KNITWEAR CO., INC.
"REVERSE WEAVE"®
"EXPANSION GUSSET"®
MEDIUM
100% COTTON   RN 26094
DO NOT DRY CLEAN · DO NOT IRON EMBLEM

STYLE RWTP

100% cotton with stencil lettering

University of California, Los Angeles, 1950s

Bryan Hornkoh

STYLE RWTP/C

100% cotton with Lastone print

Maine East High School, ME, 1960s

STYLE RWTP

Cotton/polyester blend with Lastone print

"Demons", 1970s

Albert Chan

STYLE RWTP

Cotton/polyester blend with Lastone print

Medford High School, MA, 1990s

Tags & Threads

리버스위브 스웨트팬츠
공식 색상, 1950~1970년대

1952	1959	1965	1965	1965	1966	1967	1967	1973

리버스위브

RW 지퍼 프론트

지퍼가 리버스위브에 사용된 것은 1960년대에 미공군 사관학교용으로 제작
된 후드 또는 깃이 달린 스웨트셔츠가 최초였다. 다른 옷 위에 겹쳐 입을 때
쉽게 입고 벗을 수 있도록 ¼ 길이의 지퍼가 추가되었다. 1970년대 후반에서
1980년대 초반에는 리버스위브의 풀 집업 버전이 엘엘빈L.L.Bean이나 랜즈 엔
드Land's End와 같은 소매업체를 위해 만들어졌는데, 이 두 회사는 리버스위
브를 처음으로 운동선수가 아닌 일반 소비자들에게 판매했다. 1980년대와
1990년대 초반에는 리버스위브의 풀 집업과 ¼ 집업 버전이 백화점과 대학교
서점을 통해 널리 판매되었다.

USAF STYLE RW

Cotton/polyester blend

Champion Products, 1970s

Vintage Sponsor

STYLE RW/QZ

Cotton/acrylic/rayon blend with
Lastone print

United States Merchant Marine
Academy, 1980s

10ft Single By Stella Dallas

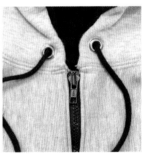

STYLE RWLC/HZ

Cotton/acrylic/rayon blend with
embroidery

Champion Products, 1980s

Full Court Classics

RW 스냅 프론트

지퍼가 군부대용이나 스포츠팀용 리버스위브에 선택적으로 사용된 반면,
금속 스냅 버튼은 대학교 서점이나 일반 소매점용 제품에 널리 사용되었다.
1980년대에 챔피온은 스냅 버튼이 달린 두 가지 풀오버 리버스위브를 만들었
다. 첫 번째는 스탠드업 칼라로 깃을 세우거나 눕힐 수 있게 되어 있는 제품이
었고, 두 번째는 일반적인 크루넥 제품이었다. 챔피온은 또한 크루넥의 전면을
버튼으로 모두 여닫을 수 있게 한 디자인도 만들었는데, 어떤 제품은 특별하게
양각된 C 로고 버튼을 사용하기도 했다. 스냅 버튼을 사용한 제품 중 가장 흔
치 않은 디자인은 1990년대에 출시한 풀 버튼 후드 스웨트셔츠였다.

RW STAND-UP COLLAR

Cotton/acrylic blend with
Lastone print

Merrimack College, 1980s

Gumshoe Vintage

STYLE C/SRW

Cotton/polyester/rayon blend with Lastone print

California Polytechnic State University, 1980s

Chad Senzel

STYLE C/RWFS JACKET

Cotton/acrylic/rayon blend with embroidery

Champion Products, 1990s

Melissa Munger

RW 워크아웃 웨어

1980년대 초반까지 챔피온의 리버스위브 시리즈는 스포츠팀에서 뛰는 운동
선수 이외의 일반인들에게는 판매되지 않았다. 1982년에 챔피온은 "챔피온
워크아웃 웨어Champion Workout Wear" 라인을 만들고 리버스위브 크루넥, 스웨
트팬츠, 헤비웨이트 티셔츠 등 운동선수들의 로커룸에 필수품으로 들어갈 아
이템들을 출시했다. 챔피온은 비로소 전국의 주요 소매점에서 프리미엄 가격
으로 브랜드의 로고가 들어간 의류를 판매할 수 있는 채널을 확보했고, 브랜
드 인지도를 더욱 높일 수 있게 되었다. 일부 리버스위브 제품에는 챔피온 로
고가 들어간 남색 직사각형 태그와 함께, 상단에 상표등록 기호가 붙은 C 로
고가 함께 병기되고는 했다. 1980년대 중반, 메릴랜드주의 의류 장식 전문업체
라이온 브라더스Lion Brothers의 기술 덕분에 모든 리버스위브 제품의 소매에
열 부착 C 로고 와펜이 추가되었다.

STYLE S/RWSS

Cotton/acrylic/rayon blend with
Aridye print

Champion, 1980s

Wasteland

Champion:
Serious
Workout Wear.
For the serious
athlete.

If you're a serious athlete you know the Champion name from your high school or college playing days. But you should know that Champion has been supplying professional teams with uniforms for over 60 years as well. Our uncompromising quality and durability means that Champion Workout Wear will stand up day after day, season after grueling season. Feel it for yourself. We're tough when we have to be, comfortable no matter how long you play.
See for yourself, nothing competes with Champion Workout Wear.

Champion.
Serious
Workout Wear.
For the serious
athlete.

You strain. You sweat. You gut out an extra mile just so you can top your previous best. And you do it all for just you.

Do you demand as much from your gear as you do from yourself?

Of course you do. That's why you wear Champion. After all, you recognized it as the real thing the minute you saw it. Tough. Durable. Like the pros wear. Like what you wore in college.

Champion. It's not some designer's idea of workout wear. It's what the best athletes in the world have demanded for years.

It takes a little more to make a Champion.®

Available At: Jordan Marsh, Republic Sporting Goods

Reverse Weave® by Champion. Durability
that performs season after season.

Every piece of Champion sportswear is designed to perform like a champion. Our exclusive Reverse Weave process helps this garment keep its shape year after year after year.

Reverse Weave sweats by Champion shrink much less than ordinary sweats because we sew our fabric horizontally to limit vertical shrinkage. These oversize garments have sewn-in side gussets to keep their true athletic fit. Feel the quality for yourself. The thick, athletic-weight fabric can really take the workout an athlete will give it. And our double-stitched seams and extra tacking at stress points make it super tough.

Ordinary sportswear can't compete with Reverse Weave because . . . it takes a little more to make a Champion.

Champion
Reverse Weave

Ordinary weave

© 1982 Champion Products Inc., Rochester, NY

RW 반바지 및 반소매 크루넥

리버스위브가 1980년대부터 1990년대 초반에 걸쳐 패션으로 유행하는 아이템이 되면서 챔피온은 반바지, 반소매 크루넥, 조끼 등 시리즈에서 파생된 디자인을 만들기 시작했다. 반바지의 경우 측면과 사타구니에 모두 익스펜션 거싯이 들어갔는데, 이는 스웨트셔츠와 스웨트팬츠 양쪽에서 영감을 받아 만들어진 다소 독특한 디자인의 리버스위브 중 하나였다. 리버스위브가 소매용 제품군으로 영역을 확장한 것은 운동선수보다는 캐주얼 패션 용도의 소비자들을 판매 대상으로 삼은 것이기 때문에 이들 제품에는 주머니가 추가되고 브랜드 로고가 들어갔다. 이러한 변화는 1990년대를 기점으로 챔피온이 스포츠팀 유니폼 공급업체에서 캐주얼 스포츠웨어 소매업체로 전환해 갔음을 보여준다.

STYLE S/RWSS/QS (S1140)

Cotton/acrylic blend with embroidery

Villanova University, 1980s

Gumshoe Vintage

STYLE RW BOXER SHORT I

Cotton/acrylic/rayon blend with
Lastone print

Long Beach Island, NJ, 1980s

Tags & Threads

STYLE RW BOXER SHORT II

Cotton/acrylic blend with
embroidery

New York Athletic Club, 1990s

Billy Manzanares

RW 크루넥

패션 컬러

챔피온은 1980년대에서 1990년대 사이에 수십 가지의 독특한 색상의 리버스 위브를 만들어 스포츠팀을 대상으로 한 시장 외에 패션 지향적인 일반 소비자들에게 다가가고자 했다. 챔피온은 처음으로 8개의 기본 스포츠팀 유니폼용 색상 이외의 색상들을 추가해 나갔으며 당시 인기 있는 색상을 기반으로 한 새로운 시즌별 색상을 제공하기 시작했다. 밝은 색상들 외에도 크레이지 패턴이나 줄무늬가 들어간 리브 옵션이 추가되어 리버스위브 시리즈에 완전히 새로운 바람을 불러일으켰다.

STYLE S/RWSS

Cotton/polyester blend with embroidery

Champion, 1980s-1990s

DeepCover - Will Wagner

선택 가능한 리버스위브 패션 컬러

STYLE RW SPLIT BODY COLOR BLOCK

Cotton/polyester blend with embroidery

Champion, 1990s

Gumshoe Vintage

STYLE RW TRI-STRIPE CREW

Cotton/acrylic/rayon blend with embroidery

Champion, 1990s

Tags & Threads

STYLE RW COLOR BLOCK CREW

Cotton/polyester/rayon blend with embroidery

Champion, 1990s

STYLE RW/SS CREW STRIPE

Cotton/polyester blend with embroidery

Champion, 1990s

COMMA - Joshua Matthews

RW 기업 및 라이센스 제품

사라 리에 인수된 이후 챔피온은 기존에 거래하던 지역 소기업들로부터 벗어나 랜드로버, 살로몬, 스포츠 일러스트레이티드, NBC 같은 대기업 및 리조트 시장으로 공격적인 진출을 시도했다. 리버스위브가 스포츠 시장에서 역사적 기반을 쌓아 왔고 액티브웨어의 패션 아이콘으로서도 성공한 덕분에, 기업 로고가 들어간 맞춤 스웨트셔츠를 찾는 기업들에게 챔피온은 쉬운 선택지가 되었다. 이렇게 만들어진 제품들은 직원용으로 지급되거나 회사 매장에서 공식 상품으로 판매되었다. 또한 1990년대에는 챔피온이 NBA, MLB, NFL과 같은 프로 리그 스포츠팀의 로고가 새겨진 리버스위브를 공급하기 시작했다. 이 제품들은 프로 선수들이 입는 팀 공식 트레이닝 스웨트셔츠의 레플리카 버전이었다.

STYLE RWSS/H

Cotton/polyester/rayon blend with Lastone print

New York Marathon, 1990s

Billy Manzanares

STYLE RW OVERDYE DOUBLE CREW

Cotton/polyester blend with embroidery

Park City Mountain Resort, UT, 1990s

Gumshoe Vintage

STYLE RWSS

Cotton/polyester blend with Lastone print

Manhattan Beer & Beverage, 1990s

COMMA - Joshua Matthews

STYLE RWSS

Cotton/polyester blend with Lastone print

National Football League, 1990s

Gumshoe Vintage

STYLE RWSS

Cotton/polyester blend with Lastone print

National Basketball Association, 1990s

Boneyard Chicago

스포츠팀 유니폼 ATHLETIC JERSEYS

스포츠팀 유니폼

1930년 ~ 1933년

1933년 ~ 1935년

1930년대 후반

1930년대 후반 ~ 1940년대

1940년대 후반 ~ 1950년대

1940년대 후반 ~ 1950년대

1940년대 ~ 1956년

1956년 ~ 1960년대 초반

1960년대 초반

1950년대 후반 ~ 1960년대 초반

1950년대 후반 ~ 1960년대 초반

1960년대 중반

1967년 ~ 1969년

1967년 ~ 1969년

1967년 ~ 1969년

1969년 ~ 1981년

1969년 ~ 1981년

1969년 ~ 1981년

1980년대 초반 ~ 1990년

1980년대 초반 ~ 1987년

1981년 ~ 1990년대 초반

1987년 ~ 1990년

1990년 ~ 2000년대 초반

1990년대 후반 ~ 2000년대

NBA 팀 저지

1990–1991 시즌

1991–1992 시즌

1992–1993 시즌

1993–1994 시즌

1994–1995 시즌

1995–1996 시즌

1996–1997 시즌

1997–1998 시즌

+2 LENGTH

1998–1999 시즌

+4 LENGTH

1999–2000 시즌

+2 LENGTH

2000–2001 시즌

+4 LENGTH

2001–2002 시즌

NFL 팀 저지

1992 시즌

1993 시즌

1994 시즌

1995 시즌

1996 시즌

1998 시즌

소프트볼 유니폼

1930년대에서 1940년대 아마추어 소프트볼 리그의 인기로 인해 챔피온과 자회사인 듀라크래프트는 일찍이 팀 주문 제작 긴팔 유니폼을 생산했다. 챔피온은 그들의 소매점을 통해 지역 리그를 후원하고 선수들로부터 제품에 대한 주요한 피드백을 얻었다. 추후 발매된 래글런 반팔 저지는 1950년대에서 1960년대에 가장 널리 입혀진 스타일 중 하나였다. 이 가성비 좋고 내구성 있는 플레이티드 면(cotton plaited, 실을 머리를 땋듯이 엮어서 만든 원단*) 소재로 만든 풀오버는 팀 컬러를 바탕으로 팀 이름, 그리고 팀 로고를 넣어 주문 제작되었다. 1970년대에는 이 반팔 유니폼을 일반 소매용으로 변형한 스타일명 "SOFBALL" 저지가 대학교 서점에서 발매되어 인기를 끌었다.

STYLE R76LS

100% cotton with Duracraft print

"Jake's Sluggers", Manchester, MD, 1930s-1940s

Stock Vintage

STYLE 79SS

Cotton/rayon blend with
Duracraft print

Dumont Athletic Goods, OH, 1950s

WorseForTheWear Vintage -
Sharon & Dane

STYLE 79SS

Cotton/rayon blend with
Duracraft print

Amalgamated Clothing Workers of
America, 1950s

Vintage on Hollywood

야구 유니폼

20세기 전반, 플란넬 야구 유니폼 시장은 몇몇 대형 제조업체들에 의해 독과점 체제를 이뤘다. 그 때문에 챔피온은 ¾ 소매 기장 언더셔츠와 같은 액세서리류에 집중했다. 1960년대 후반이 되어서야 나일론 같은 신축성 있는 원단이 개발되고 스포츠팀 유니폼 소재로 인기를 끌면서 시장에 지각변동이 일어났다. 챔피온은 완전 맞춤 제작이 가능한 브이넥과 크루넥 풀오버 유니폼을 개발해서 대학 및 아마추어 야구팀들과 거래를 틀 수 있었다. 챔피온이 개발한 유니폼 사양은 1970년대부터 1990년대까지 거의 변함없이 유지되었다.

STYLE ALL STAR/92

100% stretch nylon with
Lastone print

USA Baseball, 1970s

Colorado Sports Museum

STYLE CURVE/92

100% nylon with Lastone print

United States Coast Guard, 1970s

Top Shelf Vintage Co - Douglas Valeri

STYLE FREE AGENT/92

100% nylon with Lastone print

Netherlands National Baseball Team, 1980s

초기 농구 유니폼

챔피온은 1930년대부터 일찍이 농구 경기용 유니폼과 연습복을 생산했다. 소매가 없는 디자인과 ¼ 소매 기장 디자인이 나왔고 소재로는 듀레인, 레이온 플레이트, 면직물을 사용했다. 대부분의 유니폼은 듀라크래프트 프린트로 맞춤 제작되었지만 일부 더 비싼 버전의 유니폼들은 여기 사진에 있는 "Colonials" 유니폼처럼 택클 트윌 레터링 기법으로 제작되었다. 1970년대에서 1980년대까지 농구는 전반적으로 스포츠 산업에서 비교적 작은 부분을 차지했다.

STYLE 77SS

Cotton/rayon blend with Duracraft print

"Trojans", 1940s

5 Star Vintage

STYLE 36 & STYLE B1

Cotton/rayon blend with
Duracraft print

"Presbyterian", 1950s

Joseph (Joe) Bullock

STYLE 36

Nylon/cotton blend with
tackle twill lettering

"Colonials", 1960s

Ben Kugel

연습용 농구 유니폼

연습용 농구 유니폼은 저렴한 면직물에 팀 이름과 팀 로고를 프린트해 제작되었다. 가볍고 심플한 이 유니폼은 저렴해서 낡으면 쉽게 새것으로 교체할 수 있었다. 보다 고급 옵션으로는 리버서블 저지가 있는데, 이는 미 해군을 위해 만들었던 스타일명 "USN" 티셔츠에서 유래한다. 안팎 면이 다른 색상으로 된 이 유니폼은 연습 경기를 할 때 한쪽 팀이 옷을 뒤집어 입기만 하면 쉽게 팀을 구별하기에 좋았다. 1980년대에는 챔피온이 유니폼을 공급하는 대학과 프로 농구팀의 표준 연습복으로 나일론 메시 소재로 된 연습용 리버서블 저지가 정착되었다.

STYLE R84

100% cotton with Lastone print

"Basketball", 1970s

Damien Prosser

STYLE SAJ-12

100% cotton with Aridye print

University of California
Los Angeles, 1970s

Vintage Kulture

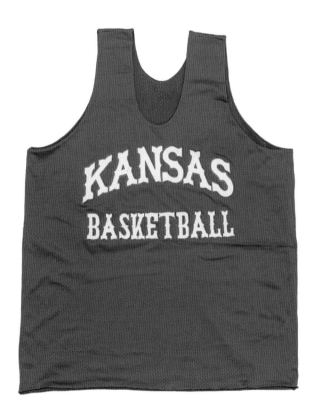

STYLE R53T (C1001)

100% nylon mesh with
Lastone print

University of Kansas, 1980s

대학 농구팀 유니폼

1970년대 후반, 챔피온은 노트르담대학의 코치 디거 펠프스를 컨설턴트로 고용해 농구복 라인을 현대화하는 작업을 했다. 1978-1979 시즌에 챔피온과 펠프스는 상의와 하의에 모두 C 로고가 들어간 완전히 새로운 노트르담 농구팀 유니폼을 선보였다. 이는 아마도 NCAA 디비전 1 리그에서 최초로 착용된 브랜드 로고가 들어간 경기용 유니폼이었을 것이다. 기자들이 "C"가 무엇을 의미하는지 물었을 때, 펠프스는 농담으로 "카톨릭"을 의미한다고 대답했다. 여기 사진에 있는 유니폼은 1979년 4월에 생산된 영업용 샘플로 왼쪽 어깨 부위에 C 로고 자수가 들어가지 않았다.

STYLE HOOP/74

100% nylon mesh with
Lastone print

University of Notre Dame, 1979

노트르담 농구팀 유니폼,
1970년대 후반

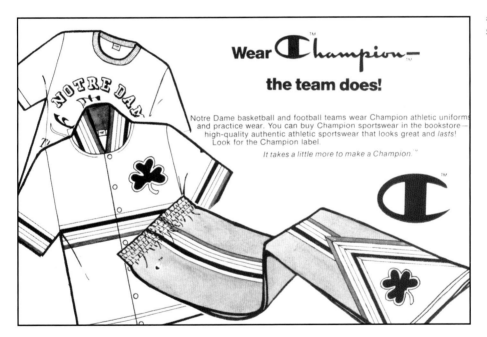

챔피온 노트르담 라이센스
의류 광고, 1978년

대학 농구팀 유니폼

1970년대 후반. 디거 펠프스를 고용해 농구복 라인을 새로 디자인하면서 챔 피온은 대학교 농구팀 유니폼 시장에서 큰 성과를 거두기 시작했다. 1989년 에 이르러서는 200곳 이상의 NCAA 디비전 1 농구팀이 챔피온 유니폼을 입고 코트에 섰다. 1992년 NCAA 디비전 1 전국 챔피언십 결승전에서 듀크대학교 가 크리스찬 레트너의 종료 직전 마지막 슛으로 우승하면서 챔피온의 성공은 정점에 달했다. 하지만 그로부터 몇 년 후 챔피온은 팀 유니폼 사업에서 밀려 났다. 나이키를 비롯한 대형 신발 브랜드들이 대학교 라이센스 계약에 수백만 달러를 지불하면서 시장을 새롭게 지배했기 때문이다. 전통적인 팀 유니폼 제 조업체들이 급속히 경쟁력을 잃었다.

STYLE HOOP/45

100% nylon with Lastone print

Duke University, 1990s

First Team Vintage

STYLE HOOP/51

100% nylon mesh with
Lastone print

Villanova University, 1980s

Elan Rodman

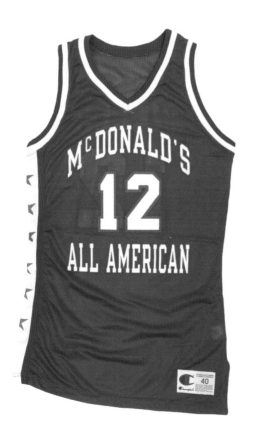

STYLE HOOP/66

100% nylon micromesh with
Lastone print

McDonald's All-American Game,
1995

First Team Vintage

NBA 팀 유니폼

샌드-니트(Sand-Knit, 챔피온 이전에 NBA 팀 유니폼을 공급하던 업체*)의 파산 후, 챔피온은 NBA와 계약을 체결해 팀 유니폼, 웜업 저지 및 연습용 장비를 독점으로 공급하는 업체가 되었다. 1990-1991 시즌부터 1996-1997 시즌까지 챔피온은 NBA의 27개 모든 팀에 현대화된 유니폼을 선수 개개인에게 맞춤으로 제공했다. 유니폼 상의의 왼쪽 하단의 조크 태그jock tag에는 챔피온의 브랜드 태그 외에도 팀 로고 태그와 각 선수의 치수가 표기되었다. 1997년부터 다른 브랜드들이 팀 유니폼 시장에 진입하면서 챔피온이 유니폼을 공급하는 팀은 인디애나 페이서스, 애틀랜타 호크스, LA 클리퍼스, 뉴저지 네츠, 올랜도 매직, 필라델피아 76ers, 피닉스 선스, 시애틀 슈퍼소닉스, 유타 재즈, 밴쿠버 그리즐리스, 이렇게 10개 팀으로 줄어들었다. 2001-2002 시즌은 챔피온이 마지막으로 NBA 팀 유니폼을 공급한 시즌으로, 오직 8개 팀만을 위해 유니폼을 제작했다.

SAM BOWIE JERSEY

100% nylon mesh with embroidery and tackle twill

New Jersey Nets, 1990-1991

Mr. Throwback

Custom Designed and Sewn for
NEW JERSEY NETS
YEAR 90
SLEEVE LENGTH 0
BODY LENGTH +2

ALEX KESSLER JERSEY

100% nylon mesh with embroidery and tackle twill

Miami Heat, 1992-1993

Mr. Throwback

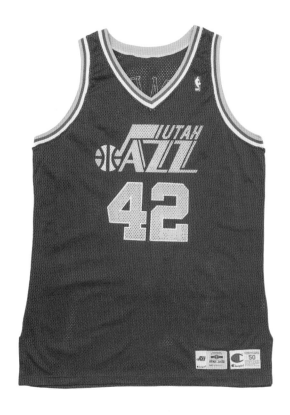

TOM CHAMBERS JERSEY

100% nylon mesh with tackle twill and Lastone print

Utah Jazz, 1994-1995

Fred Okrend

NBA 프로컷 저지

NBA 프로컷 저지는 1993-1994 시즌 한정판 "기념 컬렉션"의 일부로 처음 등장했다. 이 시리즈는 각 선수가 입던 사양을 복각해 완전히 똑같이 제작되었지만(그래서 "프로컷"이라는 이름이 붙었다), 팀에 판매한 것이 아니라 수집가 시장에 판매했다. 매 시즌 소수의 선수 유니폼만이 생산되었고, 스포츠 기념품 전문점을 통해 판매되었기 때문에 어센틱 저지(선수들이 경기에서 입는 것과 똑같은 사양으로 만든 소매용 유니폼*)보다 소매가가 훨씬 더 비쌌다. 출처가 명확하지 않은 경우 프로컷 저지와 실제로 선수들에게 지급된 유니폼을 구별하기는 매우 어렵다.

MARK PRICE PRO-CUT

100% nylon mesh with sublimation and tackle twill

National Basketball Association, 1994-1995

Mr. Throwback

NBA 어센틱 저지

챔피온은 1991년부터 2002년까지 NBA 팀에 경기용 유니폼을 공급하는 동안 어센틱 저지도 제작했다. 이 저지는 선수들이 경기에서 입는 팀 유니폼과 동일한 소재로 만들어졌으며, 택클 트윌 레터링, 상의 왼쪽 하단 조크 태그에 들어가는 팀 로고, 왼쪽 어깨 부위 자수로 된 NBA 로고와 같은 디테일까지 모두 동일했다. 프로컷 저지와 달리 어센틱 저지는 일반 사이즈 체계로 제작되어 더 많은 유통 채널을 통해 판매되었고 선수와 팀을 선택할 수 있는 폭도 훨씬 컸다. 챔피온의 어센틱 저지는 챔피온 이전에 NBA 유니폼을 공급했던 샌드-니트의 어센틱 저지보다 품질이 크게 개선되었고, 이후 2000년대에 미첼 & 네스 Mitchell & Ness와 같은 브랜드가 만드는 "추억throwback"의 유니폼 저지 시리즈에 영감을 주었다.

MITCH RICHMOND AUTHENTIC

100% polyester with
embroidery and tackle twill

National Basketball Association,
1996

Select Vintage

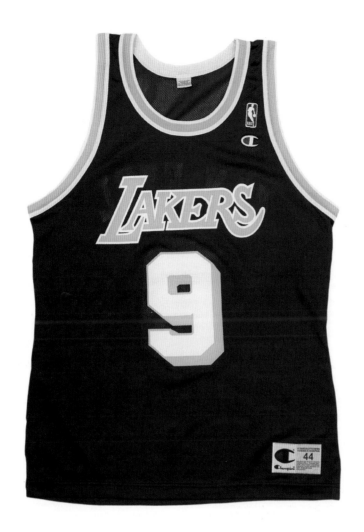

NBA 레플리카 저지

1991-1992 시즌부터 2001-2002 시즌까지 챔피온은 NBA 레플리카 저지를
독점으로 제작하는 업체였다. 이 보급형 사양의 유니폼 저지는 경량의 나일론
또는 폴리에스터 메시로 만들어졌으며 라스톤 프린트, C 로고 패치, 왼쪽 하
단 부위에 브랜드 조크 태그, 왼쪽 어깨 부위에 펠트 또는 자수 NBA 로고가 들
어갔다. 이 유니폼 저지는 NBA 리그의 모든 팀 버전으로 출시되었고 사이즈
스펙도 청소년용 사이즈부터 S-XXL의 성인 사이즈로 폭넓게 제작되었다. 모
든 레플리카 저지는 1990년대 중반까지 미국에서 생산되었으며, 이후 일부는
멕시코와 코스타리카에서 아웃소싱으로 생산되다가 나중에는 한국에서도
생산되었다. 마이클 조던이 입었던 민소매 티셔츠에서 영감을 받아 어깨를 넓
게 만든 "U2K" 저지는 1999년 뉴저지 네츠의 유니폼으로 도입되었다. 챔피온
은 몇몇 NBA 팀과 2000년 미국 농구 국가대표팀이 입었던 유니폼을 기반으로
U2K 레플리카를 제작했다.

NICK VAN EXEL REPLICA

100% nylon mesh with
Lastone print

National Basketball Association,
1990s

Elliott Curtis

SHERYL SWOOPES REPLICA

100% nylon mesh with
Lastone print

Team USA Basketball, 1990s

DENNIS RODMAN REVERSIBLE REPLICA

100% nylon mesh with Lastone print

National Basketball Association,
1990s

Elliott Curtis

GRANT HILL NEWBORN REPLICA

100% nylon with Lastone print

National Basketball Association,
1990s

Versus ATL

LARRY BIRD INFANT REPLICA

100% nylon with Lastone print

National Basketball Association,
1990s

Found Indiana Vintage

경기용 미식축구 유니폼

챔피온은 1930년대부터 1940년대에 레이온과 듀렌(durene, 면과 나일론의 혼방 소재*) 소재의 경기용 유니폼을 제한적으로 생산하다가, 1950년대와 1960년 대에 이르러서는 팀 사양으로 더 폭넓게 주문제작 가능한 유니폼 라인을 점 차 확장해 나갔다. 경기용 유니폼의 주요 특징은 가슴에 있는 선수 번호와 좀 더 눈에 띄기 쉽도록 약간 더 크게 표기한 등 번호인 "TV 넘버"였다. 팀은 다양 한 색상과 소재뿐 아니라, 서포터(국부보호대(jockstrap) 같은 역할을 하도록 사 타구니를 덮는 추가 사양*), 팔꿈치 패드, 오버사이즈 패턴, 어깨 부위에 삽입 하는 일래스틱 밴드 등 추가 사양을 선택해 주문할 수 있었다. 또한 유니폼의 소매 길이, 그래픽의 위치, 숫자의 서체, 그리고 프린트 방식도 고를 수 있었다. 챔피온은 수준 높은 맞춤 제작 유니폼을 합리적인 가격에 제공함으로써 전국 의 수천 개가 넘는 팀에 유니폼을 판매할 수 있었다.

STYLE 96LS

Durene with tackle twill numbers

"#86", 1950s

In Vintage We Trust

STYLE 65LS

Cotton with Aridye print

"#25", 1950s

In Vintage We Trust

STYLE C3

Nylon/cotton blend with Lastone print

Archbishop Curley High, MD, 1960s

Rag Rat Vintage

연습용 미식축구 유니폼

나일론 메시가 도입되기 전까지 챔피온은 경기용 유니폼보다는 연습복과 연습용 유니폼 라인으로 더 유명했다. 이 가벼운 소재로 만든 유니폼은 가격이 저렴했고 양말, 서포터(국부보호대 같은 속옷을 의미*), 티셔츠 등 다른 연습용 아이템들과 세트로 구성되어 판매되는 경우가 많았다. 1940년대에서 1960년대 사이에 챔피온이 가장 많이 생산한 스타일은 학교 이름과 함께 연도나 선수의 번호가 애리다이 방식으로 프린트된 밝은 색상의 면 소재 유니폼이었다. 1970년대에는 광택이 있는 레이온 혼방이나 나일론 혼방 소재가 면 100퍼센트 소재보다 내구성이 더 좋은 것으로 밝혀져 연습용 유니폼을 위한 표준 소재로 채택되었다.

STYLE 57LS

100% cotton with Aridye print

University of Southern California, 1960s

Style Paradise

STYLE 57LS

100% cotton with stencil lettering

Wichita University, 1940s

Camp Creek Vintage

STYLE 65LS

100% cotton with printed lettering

Paris Junior College, 1940s

DFW Swap Meet

CHAMPION KNITWEAR CO.,INC.

L

ROCHESTER 7, N.Y.

STYLE 76LS

Cotton/nylon blend with Aridye print

Montgomery Blair High School, MD, 1960s

Andrew Mercer

STYLE NY56

Cotton/nylon blend with Lastone print

"30", 1970s

Andrew Mercer

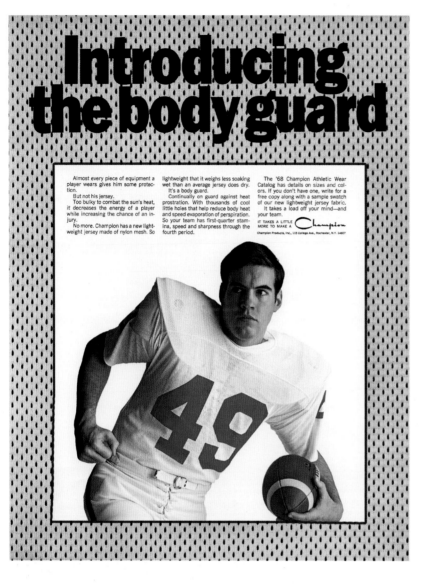

나일론 메시 미식축구 유니폼

스포츠팀 유니폼 제품들 중에서 챔피온이 제작한 가장 중요한 아이템은 나일론 메시 소재의 미식축구 유니폼이었다. 이 혁신적인 유니폼은 1967년 9월 SMU 팀이 시즌 개막전에서 텍사스 A&M과의 경기에서 처음으로 착용되었다. 이 나일론 100퍼센트의 트리코Tricot 메시 소재 유니폼은 공기가 잘 통과하도록 하여 열로 인한 부상을 줄이기 위해 개발되었다. 초기의 나일론 메시 유니폼은 조 나마스가 이끄는 뉴욕 제츠도 착용했고 1969년 10월 13일자 〈스포츠 일러스트레이티드〉의 표지에 실리기도 했다. 언론의 관심과 코치들의 호평에 힘입어 챔피온은 경기용 유니폼 시장에서 더 큰 점유율을 차지하게 되었고 다른 스포츠 유니폼에도 이 소재를 채택하게 되었다.

STYLE PF51DS

100% nylon mesh with
Lastone print

Anderson High School, IN, 1970s

Naptown Thrift

STYLE N/BREEZE

100% nylon mesh with
Lastone print

"West #71", 1970s

Elan Rodman

미식축구 레플리카 저지

대학교 서점에서 선수용 운동복에 대한 큰 수요가 있다는 것을 감지한 챔피온은 학생들을 위한 버전의 연습용 미식축구 저지를 만들었다. 이 "규정에 부합하는 무게"의 면 소재 유니폼 저지는 ¾ 길이의 소매에 팔꿈치 패드가 있고 앞뒷면에 졸업년도가 프린트되었다. 초기의 카탈로그와 광고에서 "어센틱 저지"로 홍보된 스타일명 "N/P12"는 1980년대까지도 대학교 서점에서 베스트셀러 아이템으로 남았다.

STYLE N/P12

100% cotton with Lastone print

University of Illinois, 1960s

MishMash Vintage

홍보용 미식축구 저지

1970년대와 1980년대의 기념품 및 홍보용 판촉물 시장의 성장으로 미식축구 저지에 새로운 가능성이 열렸다. 기업, 조직, 각종 행사 주최사들은 직원과 고객을 위한 홍보용 도구로 맞춤 제작이 가능한 챔피온의 어센틱 저지를 찾았다. 그중 나일론 면 혼방 소재에 V넥, 이중으로 된 어깨, 끝단이 마감 처리된 반소매 사양의 스타일명 "PP63" 저지가 많이 판매되었다. 이 스타일은 그 전신인 면 100퍼센트 소재의 연습용 저지보다 조금 더 프로페셔널한 느낌을 주었다.

STYLE PP63

Nylon/cotton blend with Lastone print

Budweiser, 1970s

Sam Reiss - Snake America Newsletter

NFL 레플리카 저지

챔피온은 1980년대 초반에 연습용 NFL 유니폼을 제작하기 시작했지만 실제
경기용 유니폼의 레플리카 버전을 만들 수 있는 라이센스는 1990년대 초반
이 되어서야 받을 수 있었다. 나일론 또는 폴리에스터 100퍼센트로 만들어진
이 저지는 라스톤 방식으로 프린트된 팀 로고, 챔피온 로고가 들어간 왼쪽 하
단 부위 조크 태그, C 로고 패치, 그리고 제품에 따라 소매에 들어가는 줄무
늬 디자인 사양이 특징이었다. 1991년을 시작으로 이 레플리카 저지는 NFL
의 28개 팀 모두를 위해 생산되었다. 이 라이센스 계약은 1997년에 일부 팀과
선수로 제한되었고 2001년에 종료되었다. 챔피온은 1993년부터 1998년까지
NFL의 전설적인 팀과 선수들의 레플리카 저지 시리즈인 "추억의 컬렉션"을 제
작했다. 슈퍼 헤비웨이트 면 소재로 만들어진 이 저지는 태클 트윌 방식으로
레터링된 번호, 커스텀 패치, 봉제해서 만든 소매의 줄무늬가 특징이다.

JOHN ELWAY PROLINE REPLICA

100% nylon with Lastone print

National Football League, 1990s

NFL 어센틱/프로컷 저지

여러 NFL 팀의 경기용 유니폼 공급업체로서 챔피온은 이 팀들의 어센틱 저지와 프로컷 저지를 제작할 수 있는 라이센스를 받았다. 1980년대 후반에는 뉴욕 제츠, 뉴욕 자이언츠, 버팔로 빌스, 뉴잉글랜드 패트리어츠, 마이애미 돌핀스의 어센틱 저지를 제작했다. 1990년부터 1996년 사이에는 버팔로 빌스, 뉴욕 제츠, 뉴올리언스 세인츠, 신시내티 벵갈스, 애틀랜타 팰컨스, 인디애나폴리스 콜츠를 위한 어센틱 저지와 프로컷 저지를 제작했다. 어센틱/프로컷 저지 모두 실제 경기에서 착용하는 유니폼 사양과 동일하게 제작되었지만, 어센틱 저지는 소매용 일반 사이즈 체계로, 프로컷 저지는 해당 선수가 입던 치수로 제작되었다. 이 제품들은 텍사스주 댈러스의 더 애슬레틱 서플라이 컴퍼니를 통해서 유통되었으며, 이 회사는 챔피온이 납품한 민자 유니폼 저지에 태클 트윌 방식으로 팀 로고와 레터링을 후가공으로 추가해 판매했다.

MAURICE DOUGLASS PRO-CUT

100% nylon with
tackle twill numbers

National Football League, 1990s

Found Indiana Vintage

NFL 팀 유니폼

1980년대 후반에서 1990년대에 NFL의 팀 유니폼 납품 계약이 까다로워지기 훨씬 전부터, 챔피온은 다수의 NFL 팀에 유니폼을 비독점적으로 공급해왔다. 1960년대부터 1980년대에는 챔피온의 본고장인 뉴욕주를 연고지로 하는 뉴욕 제츠와 버팔로 빌스에 유니폼을 공급했다. 1980년대에는 뉴욕 제츠, 신시내티 벵갈스, 인디애나폴리스 콜츠와 유니폼 독점 공급 계약을 체결했으며 이 계약은 1990년대까지 지속되었다. 1990년부터 1996년 사이에는 버팔로 빌스, 시카고 베어스, 신시내티 벵갈스, 인디애나폴리스 콜츠, 뉴올리언스 세인츠, 뉴욕 제츠, 애틀랜타 팰컨스와 독점 계약을 맺었다. 1992년 이후에 제작된 모든 팀 유니폼에는 팀명이 들어간 "팀 전용 디자인" 조크 태그가 부착되었다. 1998년, 신시내티 벵갈스에 유니폼을 공급한 것을 예외로 두자면, 챔피온은 소매 시장에 더 집중하기 위해 1996년을 끝으로 경기용 팀 유니폼 사업을 종료했다.

SAM MCCULLUM JERSEY

100% nylon mesh with
Lastone print

Seattle Seahawks, 1970s

Fred Okrend

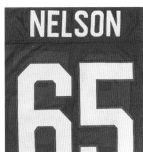

STEVE NELSON JERSEY

100% nylon mesh with
Lastone print

New England Patriots, 1980s

Fred Okrend

JIM KELLY JERSEY

100% nylon mesh with
Lastone print

Buffalo Bills, 1994

First Team Vintage

대학교 팀 유니폼

챔피온은 수많은 대학, 노트르담, 오하이오주, 오클라호마, 조지아, 피츠버그, 워싱턴, 미시간주, 육군, 해군 등 엘리트 NCAA 미식축구 팀에 50년 이상 유니폼을 공급한 역사를 가지고 있다. 챔피온의 팀 유니폼은 1977년 노트르담대학 USC의 "그린 저지 게임"과 1984년 보스턴칼리지의 "헤일 플루티Hail Flutie" 게임과 같은 상징적인 경기에서 착용되었다. 1960년대 후반에 나일론 메시를 도입하면서 챔피온은 가장 인기 있는 공급업체 중 하나로 자리매김할 수 있었다. 그러나 1990년대 중반에 이르러 급변하는 시장 상황과 치열한 경쟁으로 인해 챔피온의 팀 유니폼 사업은 NCAA 디비전 1에 소속된 일부 팀을 제외하고 중단되었다. 대형 기업들의 영향력이 커지면서 유니폼 시장에서 충분한 수익을 내지 못하자 사라 리는 철수를 결정했다. 2001년 아디다스가 노트르담 미식축구팀과 계약을 체결함으로써 챔피온과 노트르담 미식축구팀이 수십 년간 이어온 관계가 막을 내렸고, 이는 곧 챔피온의 대학교 팀 유니폼 사업의 종료를 의미했다.

STYLE PF51DS

100% nylon mesh with
Lastone print

Cornell University, 1970s

Desert Sports Cards

STYLE PF

100% nylon with Lastone print

Purdue University, 1996

STYLE PF

100% nylon with Lastone print

Colorado State University, 1999

Colorado Sports Museum

챔피온 체육 교복 광고,
1955년

체육 교복 Physical Education Uniforms

챔피온은 1930년대 초부터 티셔츠/탱크톱, 반바지, 양말, 서포터로 구성된 학교별 맞춤형 체육 교복을 공급했다. 제2차 세계대전 이후 미국 학교에서 체육 교육과정과 체육복이 표준화되면서 시장은 기하급수적으로 확대되었다. 챔피온이 보유한 탄탄한 인쇄 기술 덕분에 각 학교는 체육복에 학교 이름과 마스코트, 학생 이름표, 재고 관리 번호('디스크 넘버'라고도 부른다)를 원하는 대로 프린트할 수 있었다. 이렇게 각 학교에 맞춘 색상과 프린트를 적용한 티셔츠와 반바지 세트가 제공된 덕분에 학교는 체육 시간과 운동부 활동 시간에 학생들이 입을 수 있는 저렴한 표준 체육복을 만들 수 있었다. 1970년대에 들어서는 경제 불황으로 인해 학교가 예산을 삭감하고 학생들의 체육복 착용 규정을 완화시키며 유니폼 개념의 체육 교복이 사라졌다.

STYLES 84QS & KE/8

100% cotton with Lastone print

Central Falls High School, RI, 1970s

Top Shelf Vintage Co - Douglas Valeri

STYLES 84QS & KE/8

100% cotton with Lastone print

Xaverian Brothers High School, MA, 1980s

Top Shelf Vintage Co - Douglas Valeri

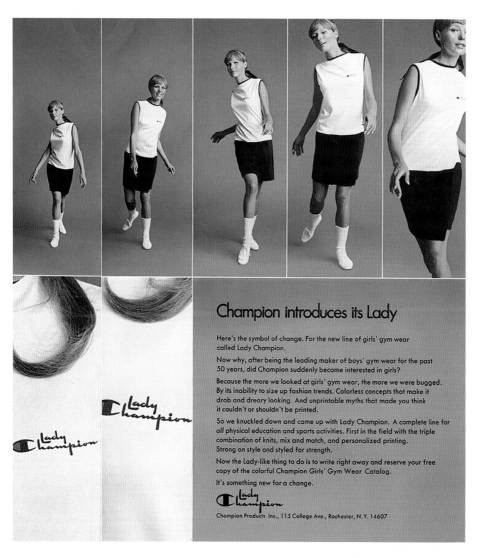

Champion introduces its Lady

Here's the symbol of change. For the new line of girls' gym wear
called Lady Champion.

Now why, after being the leading maker of boys' gym wear for the past
50 years, did Champion suddenly become interested in girls?

Because the more we looked at girls' gym wear, the more we were bugged.
By its inability to size up fashion trends. Colorless concepts that make it
drab and dreary looking. And unprintable myths that made you think
it couldn't or shouldn't be printed.

So we knuckled down and came up with Lady Champion. A complete line for
all physical education and sports activities. First in the field with the triple
combination of knits, mix and match, and personalized printing.
Strong on style and styled for strength.

Now the Lady-like thing to do is to write right away and reserve your free
copy of the colorful Champion Girls' Gym Wear Catalog.

It's something new for a change.

Champion Products Inc., 115 College Ave., Rochester, N.Y. 14607

레이디 챔피언 저지

1972년에 타이틀 나인(Title IX, 여성 운동선수들이 성별에 의한 차별 없이 학교 기금을 사용할 수 있도록 한 법안*)이 통과되면서 대학과 고등학교의 여성 스포츠팀 유니폼 시장이 즉각적으로 확대되었다. 여성 운동선수들이 학교 자금을 평등하게 사용할 수 있게 됨에 따라 팀 유니폼 제조업체들은 곧장 여성 스포츠 시장을 주목했다. 챔피언은 1968년에 레이디 챔피언 체육 교복 라인을 출시했고, 타이틀 나인이 통과된 이듬해에는 여성용 스포츠팀 유니폼이 총망라된 카탈로그를 선보였다. 이 여성용 라인에는 주로 레이디 챔피언의 라벨이 붙었고, 아마추어부터 프로에 이르기까지 모든 스포츠 경기에서 선수들이 이 옷을 입었다. 여러 NCAA 디비전 1 농구 토너먼트 우승팀과 올림픽 선수들, 그리고 초기 WNBA의 모든 팀이 챔피언의 유니폼을 착용했다.

STYLES BETH/TR76 AND KEJ

100% nylon with Lastone print

Kesling Track, 1970s

Coral Fang Atelier

STYLE COLLEEN

100% cotton with Lastone print

Plainview-Old Bethpage, NY, 1970s

USA VOLLEYBALL TEAM JERSEY

Cotton/polyester blend with heat press insignia

USA Volleyball, 1996

Back to the Thrift

PHOENIX MERCURY TEAM JERSEY

100% polyester mesh with tackle twill lettering

Phoenix Mercury, 2003

기타 유니폼

모터크로스 (1950~1980년대)

챔피온은 할리 데이비슨, 인디언, 스즈키, 카와사키 등의 회사를 위해 캐주얼 라이딩 의류, 홍보용 아이템 및 기능성을 갖춘 레이싱 유니폼을 제작했다.

하키 (1960~1980년대)

1970년대 로체스터 아메리칸스의 공동 소유주이기도 했던 챔피온의 CEO 조 폭스의 영향으로 1970년대부터 1980년대까지 프로 및 아마추어 팀들을 위한 하키 유니폼을 짧은 기간 동안 제작하기도 했다.

레슬링 (1950~1990년대)

초기의 챔피온 레슬링용 의류는 타이츠와 트렁크 같은 액세서리에 한정되었으나, 1970년대부터는 저지와 싱글렛이 추가되었다.

육상 (1920~1990년대)

민소매와 ¼ 소매 스타일의 챔피온 육상 유니폼은 면 혼방 소재로 만들어지다가 후에 합성섬유로 교체되었다. 대부분의 유니폼에 대각선 또는 가로 방향의 레이싱 줄무늬와 미니멀한 로고가 들어간 것이 특징이다.

조정 (1930~1990년대)

챔피온은 하버드, 코넬, 브라운, 워싱턴 대학교 등 여러 곳의 유명한 대학교 조정 팀을 위해 맞춤형 유니폼을 제작했다.

축구 (1940~1990년대)

1970년대까지는 전통적인 레이스 칼라 스타일(끈으로 목부위를 묶는 형태로 된 스타일*)이 챔피온이 만든 유일한 축구 유니폼 디자인이었다. 펠레의 뉴욕 코스모스 팀을 포함한 프로 및 아마추어 팀들에게 유니폼을 공급하기 시작하면서 여러 새로운 스타일이 추가되었다.

라크로스 (1970~1990년대)

챔피온의 라크로스 유니폼은 1980년대와 1990년대에 시라큐스, 존스 홉킨스, 코넬 같은 저명한 NCAA 소속 팀들에 의해 많이 착용되었다.

MOTO RACING VEST

100% cotton with Duracraft print

Associated Motor Cycles, 1950s

Blue Mirror Vintage - Michael Karberg

MOTO RACING JERSEY - STYLE 76LZF

Cotton/rayon blend with Duracraft print

Harley-Davidson, Inc, 1950s

Blue Mirror Vintage - Michael Karberg

MOTO RACING JERSEY - STYLE 74LS/RN

100% nylon mesh with Lastone print

Kawasaki, 1970s

Sam Reiss - Snake America Newsletter

MOTO RACING JERSEY - STYLE 74LS/RN

100% nylon mesh with Lastone print

Suzuki, 1970s

Varsity Los Angeles

HOCKEY JERSEY - CUSTOM

Cotton/rayon blend with Aridye print

Kimball Union Academy, 1950s

Kimball Union Academy Archives, Meriden, NH

Photo courtesy of Dustin Meltzer

HOCKEY JERSEY - STYLE HOC53

100% nylon mesh with Lastone print

Simsbury High School, CT, 1970s

Gumshoe Vintage

HOCKEY JERSEY - STYLE HOC 36

Nylon/cotton blend with Lastone print

Washington Capitals, 1970s

Phil's Vintage Jerseys - Philip Ferro

HOCKEY JERSEY - STYLE HOC 36

Nylon/cotton blend with Lastone print

Rochester Americans, 1970s

Pickpocket Vintage - Richard Halverson

WRESTLING TOP - STYLE 6LS

100% cotton with Lastone print

Indiana State University, 1960s

Found Indiana Vintage

WRESTLING TOP - STYLE P12 3/4S /C

100% cotton with Lastone print

Valparaiso University, 1970s

Found Indiana Vintage

WRESTLING TRUNKS – STYLE 36CT

Nylon/cotton blend with drawstring waist

Champion Knitwear, 1960s

Found Indiana Vintage

WRESTLING TIGHTS – STYLE 86WT

100% nylon with two color braiding

Champion Products, 1970s

Joe Haselden

SOCCER JERSEY - STYLE 61LS

Nylon/cotton blend with tackle twill lettering

"Tech", 1960s

Vintage on Hollywood

CHAMPION
PRODUCTS INC.
X–LARGE
SIZE 46
RN 26094
MADE IN U.S.A.
65% COTTON

SOCCER JERSEY - STYLE HALFBACK/51

100% nylon with Lastone print

Giovanni's Den-Lounge, 1980s

Champion
LARGE
50% POLYESTER
50% COTTON/COTON
BAUMWOLLE/COTONE
KATOEN/BOMULO
MADE IN U.S.A. · RN 26094
FOR CARE SEE REVERSE

TRACK JERSEY - STYLE 76

Rayon/cotton blend with
Aridye print

East High School, IL, 1950s

Alex Thayer

TRACK JERSEY - STYLE 76

Nylon/cotton blend with
satin decoration

"D", 1960s

Canyon Cabrera

TRACK JERSEY - STYLE 69T

100% nylon mesh with
Lastone print

"40", 1970s

TRACK JERSEY - STYLE
HALF MILER

Nylon/polyester blend with
Lastone print

Glassboro State College, 1980s

CREW SHIRT - STYLE 78QS

100% cotton with sewn-on satin and felt

Harvard University, 1940s

Xavier @followthethread1

CREW SHIRT - STYLE PLEBE

100% cotton with Duracraft print and sewn stripe

Brown University, 1950s

Todd Snyder New York

CREW SHIRT - STYLE PLEBE

100% cotton with Duracraft print and sewn stripe

"WL #25", 1960s

Kengo Yajima

CREW SHIRT – STYLE BETH/36

Nylon/cotton blend with Lastone print

Tabor Academy, MA, 1970s

The Vintage Showroom

LACROSSE JERSEY - STYLE PF51

100% nylon mesh with
Lastone print

"Central", 1970s

Duane Lewis c/o Museum of MOE

LACROSSE JERSEY
STYLE N/BREEZE WAIST

100% nylon mesh with
Lastone print

Baldwin H.S., NY, 1990s

Gumshoe Vintage

웜업 저지

1930년대 중반 ~ 1940년대

1930년대 후반 ~ 1940년대

1940년대 후반 ~ 1950년대

1940년대 후반 ~ 1950년대

1956년 ~ 1967년

1960년대 초반

1960년대 중반

1960년대 중반

1960년대 초반

1969년 ~ 1970년대

1969년 ~ 1970년대

1970년대

1969년 ~ 1981년

1969년 ~ 1980년대 초반

1980년대 초반 ~ 1980년대 후반

1980년대 초반 ~ 1980년대 후반

1990년 ~ 2000년대

1990년대 후반 ~ 2000년대

레이오라인 웜업 저지

챔피온이 전통적으로 만들던 면이나 울 스웨트셔츠 이외에 웜업 저지로 처음 선보인 제품은 "레이오라인Rayoline"이라고 불렸는데, 이는 "레이온rayon"과 "라인드(lined, 안감을 덧대었다는 의미*)"를 합성한 조어다. 이 제품들은 내구성을 위해 레이온 플레이티드 소재를 겉면에 사용하고 두께감과 보온성을 더하기 위해 면 안감을 덧대었다. 1930년대 후반에 출시된 이 제품은 경제적이고 세탁이 쉬워서 울 의류보다 관리하기가 훨씬 편리했다. 이 제품은 챔피온의 특허인 플로킹 기법으로 고객들이 원하는 프린트를 새길 수 있었고 지퍼, 줄무늬가 들어간 깃, 소매, 밑단의 리브, 후드 등을 선택할 수 있는 맞춤 사양도 제공되었다. 이러한 종류의 웜업 저지는 팀 유니폼을 입은 채로 걸치거나 미식축구 선수들이 어깨 패드를 착용한 채로도 입을 수 있도록 운동선수용 사양의 넉넉한 패턴으로 만들어졌다. 1973년경, 레이오라인 컬렉션은 스타일명 "SONIC" 제품 라인 및 기타 나일론 소재 제품으로 대체되었다.

STYLE FZRP

Rayon/cotton blend with
Lastone lettering

Wisconsin Hills Middle School, WI,
1960s

Felipe Tarcinale

STYLE 286/HZ

Rayon/cotton blend with
tackle twill insignia

University of Virginia, 1950s

Elan Rodman

STYLE 286

Rayon/cotton blend with
Aridye print

Tantasqua Regional High School,
MA, 1950s

Sam Kleiman

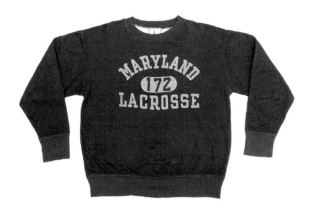

STYLE 286

Rayon/cotton blend with
Lastone print

University of Maryland, 1960s

The Electric Deli Corporation

STYLE 286/FZ

Rayon/cotton blend with
Lastone back print

"St. Joseph", 1960s

Blue Mirror Vintage - Michael
Karberg

기모 플리스 웜업 저지

기모 웜업 저지는 1950년대에 레이온과 면 혼방 소재로 처음 만들어졌다. 겉에는 기모 플리스 소재, 안에는 부드러운 면 소재를 사용했다. 1960년대에는 겉감 소재가 레이온 대신 내구성이 더 좋은 나일론 플리스로, 안감 소재가 나일론 골지로 대체되었다. 이 웜업 저지는 곰팡이가 슬거나 좀이 먹지 않아서 세탁과 보관이 쉬웠다. 이 시리즈의 제품은 집업, 후드, 칼라, 크루넥 등 여러 디자인으로 출시되었고, 세트로 입을 수 있는 바지도 함께 나왔다. 고객들이 원하는 사양으로 맞춤 제작도 가능했다. 깃과 소매와 밑단의 종류, 어깨에 삽입되는 일래스틱 패널 등 각종 삽입물, 봉제로 붙이는 로고나 휘장 등을 선택할 수 있었다. 나일론 플리스 원단의 거친 표면에는 프린트하기가 어려워서 태클 트윌이나 패치를 붙이는 방식이 사용되었다. 1970년대 중반에 단종되었다.

STYLE PO/08

100% nylon with Duracraft printed satin patches

Florida State University, 1960s

Doug Ramos

STYLES PO/08 & TP/08

100% nylon with tackle twill insignia

Notre Dame University, 1960s

Sam Kleiman

STYLES PO/08 & TP/08

100% nylon with
tackle twill lettering

"Weaver", 1970s

Kyle Doty

쿼터슬리브 유틸리티 셔츠

다용도로 입혀져서 통상 "유틸리티 셔츠"로 불리는 이 반소매 웜업 저지는 1940년대에서 1950년대에 출시되었다. 처음에는 안감 없는 레이온 원단, 바이런 칼라(Byron collar, 셔츠 깃 형태의 카라*), ½ 집업 사양으로, 유니폼 위에 입는 용도로 제작되었다. 초기에는 응원단과 교내 스포츠 서클을 대상으로 판매되었으나, 육상이나 농구 선수들이 원정을 다닐 때 입는 용도로도 인기를 끌었다. 1970년대에서 1990년대에 걸쳐 스냅 단추 버전이나 V넥 풀오버 버전 등 초기 버전에서 다양하게 변주된 디자인이 널리 입혀졌다. 이 스타일은 농구 선수들의 대표적이고 필수적인 아이템인 워밍업용 슈팅 셔츠로 정착했다.

STYLE WZ/86

Rayon/cotton blend with Duracraft print

Esbon High School, KS, 1950s

Plainspeak Vintage

STYLE SCREEN/92

100% stretch nylon with Lastone print

Columbia University, 1970s

Elliott Curtis

STYLE VOLUNTEER (73001)

100% stretch nylon with Lastone print

Providence College, 1980s

Gumshoe Vintage

풀 집업 트랙재킷

1960년대 후반, 당시 인기를 끈 유러피안 실루엣과 신소재인 일래스틱 원단에서 영감을 받은 "인터내셔널 스타일"이 챔피온 경량 트랙재킷 라인에 적용되었다. 신축성 있는 나일론 원단으로 만들어진 트랙재킷은 대부분 풀 집업에 세우거나 눕힐 수 있는 깃 사양으로, 세트로 입을 수 있는 바지가 함께 나왔다. 스타일명 "Sportmate" 시리즈는 최첨단 소재와 지퍼가 쓰여서 원가가 높았기 때문에 당시의 다른 웜업 저지에 비해 가격이 비쌌다. 이 스타일은 1960년대와 1970년대에 엄청난 인기를 끌었으나 1980년대에는 새로운 유행과 원단에 밀려 점차 자취를 감췄다.

STYLE SPORTMATE (V1005)

100% stretch nylon with Lastone print

Hunter College, 1970s

Chad Senzel

나일론 플리스 웜업 저지

1970년대 중반, 챔피온은 기존의 기모 나일론 웜업 저지의 원단을 뒤집어 현대적으로 재해석한 스타일명 SONIC을 선보였다. 이 제품은 깃, 그리고 소매단과 밑단에 줄무늬가 들어간 리브는 그대로 유지하되, 기모 처리된 쪽의 플리스 원단이 안으로 가도록 뒤집어 만들어졌다. 새로워진 제품은 이전 버전과 달리 표면이 매끄러워서 태클 트윌은 물론이고 다른 전통 프린트 기법으로도 쉽게 고객이 원하는 로고와 글자를 새길 수 있었다. SONIC 웜업 저지는 아라 파르세기안부터 로우 홀츠에 이르기까지 여러 세대에 걸친 노트르담대학의 미식축구 코치들이 경기 중에 착용한 것으로 유명해져 사이드라인의 아이콘이 되었다.

SONIC/80/ST (V1002)

100% nylon with Lastone print

University of Notre Dame, 1980s

COMMA - Joshua Matthews

대학교 스포츠팀 웜업 저지

1980년대 말에 이르러 대학교 스포츠팀에 배정되는 예산 규모가 커지고 각 팀의 맞춤 유니폼에 대한 수요가 증가하면서 웜업 저지는 훨씬 더 복잡한 디자인과 사양으로 만들어졌다. 챔피온은 수백 개의 NCAA 디비전 1에 소속된 팀들을 위해 여러 종류의 화려하게 장식된 원단, 깃과 소매와 밑단의 별도 사양, 패턴, 프린트 및 여밈 부자재를 다양하게 조합한 웜업 저지를 만들어 냈다. 1990년대에 챔피온이 만든 웜업 저지를 자세히 살펴보면 그들이 얼마나 높은 수준의 기술과 전문성을 가지고 제품을 디자인하고 생산했는지를 엿볼 수 있다. 1980년대에서 1990년대로 넘어가면서 챔피온 제품의 품질이 크게 향상된 원인은 그들이 1990년대에 NBA 팀들을 위해 웜업 저지를 생산하기 시작한 것에서 기인한다.

BULLET SHOOTING TOP

100% nylon with Lastone print

University of Texas-Austin, 1990s

PRO BREAKAWAY SET

100% polyester with
tackle twill insignia

University of Wisconsin–Green Bay,
1990s

First Team Vintage

PRO BREAKAWAY SET

100% nylon with Lastone print

Florida State University, 1990s

First Team Vintage

NBA 팀 이슈 웜업 저지

챔피온은 NBA와 맺은 계약의 일환으로 모든 NBA 팀에 연습복과 웜업 저지를
제공했다. 첫해에는 여전히 챔피온 이전에 NBA 팀에 의류를 공급하던 업체인
샌드–니트가 생산을 담당했기 때문에 그들이 사용하던 팀/사이즈 태그를 사
용하고 챔피온의 조크 태그를 붙였다. 챔피온이 디자인과 생산 과정을 일관화
한 이후에는 다양한 새로운 디자인이 소개되었다. 챔피온이 생산한 제품의 가
장 새롭고 중요한 포인트는 승화전사 기술(원단에 잉크젯 프린트로 인쇄한 전사
지를 대고 열과 압력을 가해서 염료가 스며들게 하는 프린트 방식으로 주로 폴리에스
터 원단에 쓰인다*)로, 1990년 이전에는 제한적으로만 사용되었던 프린트 방식
이었다. 여기 사진에 나온 복잡하고 기술적으로 프린트된 의류들은 모두 봉제
전 재단 패턴에 승화전사 방식으로 인쇄한 것이다. 모든 의류는 100퍼센트 폴
리에스터 원단으로 제작되었으며, NBA 로고 자수, 챔피온 로고 패치, 그리고
챔피온과 팀 로고가 들어간 조크 태그가 붙어 있다.

CELTIC JACKET AND PRO PANTS

100% polyester with
sublimated print

Orlando Magic, 1992-93

Fred Okrend

CELTIC WARM-UP JACKET

100% polyester with
sublimated print

Phoenix Suns, 1995-96

Fred Okrend

NBA SHOOTING SHIRT

100% polyester with
sublimated print

Atlanta Hawks, 1996-97

First Team Vintage

재킷

1930년대 후반 ~ 1940년대 후반

1940년대 후반 ~ 1950년대

1940년대 후반 ~ 1950년대

1940년대 ~ 1950년대

1950년대 ~ 1960년대 초반

1960년대 초중반

1960년대 초중반

1960년대 중반

1960년대 중반

1960년대 중반

1969년 ~ 1970년대

1967년 ~ 1981년

1967년 ~ 1981년

1981년 ~ 1990년대 초반

1990년대

1990년대 중반 ~ 2000년대

스포츠팀 유니폼 재킷

1930년대에서 1950년대 사이에 제조된 챔피온의 초기 재킷 일부는 농구, 테니스, 소프트볼 및 기타 스포츠팀을 위해 가벼운 레이온 새틴 소재로 만들어졌다. 이 원단은 눈에 띄는 존재감을 갖췄지만 조직이 섬세했다. 대부분 안감이 없이 만들어졌으며 방수가 안 되었기 때문에 실내 또는 따뜻한 날씨에 하는 스포츠에 적합했다. 이 시기 대부분의 팀 재킷은 지퍼 또는 스냅 단추로 된 앞여밈에 팀 로고를 봉제로 붙이거나 다른 기법으로 프린팅했다. 어떤 재킷들은 면 원단을 써서 팔꿈치에 패드를 덧대거나 몸통과 대비되는 소매를 달거나 안감을 대기도 했다. 이 스타일은 점차적으로 100퍼센트 면 소재나 좀 더 내구성 있는 합성섬유 소재의 웜업 저지로 대체되었다.

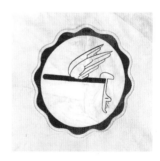

STYLE JB1

Rayon satin with Duracraft and tackle twill

"Purple Shaft", 1940s

Tommy Dorr

STYLE JB1

Rayon satin with chenille insignia

"S" Varsity Track, 1940s

Andrew Mercer

STYLE JB1

Rayon satin with Duracraft

Randolph-Macon Academy, 1940s

Todd Snyder New York

재킷

바시티 어워드 재킷

1950년대에서 1960년대에 걸쳐 패션 트렌드가 어워드 스웨터에서 재킷으로 옮겨가면서, 챔피온은 이에 대응한 제품 라인을 갖추기 위해 재킷 공급업체를 발 빠르게 설립했다. 바시티 재킷 공급은 주로 해당 지역의 스포츠 용품점이 맡아 온 영역이었지만, 챔피온은 이 변화를 빠르게 인지하고 대학교 스포츠 팀 선수들을 위한 여러 스타일의 울 소재 어워드 재킷을 만들어 제공했다. 당시 광고에 가장 많이 등장한 스타일명 "24L" 재킷은 1960년대에 소개되었으며, US러버US Rubber Co.의 "나우가라이트Naugalite"라는 인조 가죽을 소매와 주머니 입구 테두리에 썼다. 이 소재는 드라이클리닝이 가능하고 색이 바래지 않으며 내구성이 뛰어났다. 이 스타일은 이탈리아에서 수입한 카브레타 가죽(부드럽고 질긴 고급 양가죽으로 주로 장갑에 사용된다*)을 사용한 스타일명 "F/1"을 대체했다. 또한, 1930년대부터 1960년대까지 다양한 디자인으로 만들어진 클래식한 100퍼센트 멜톤 울 재킷도 인기 있는 제품이었다.

STYLE MRX

100% wool with felt lettering

The Peddie School, NJ, 1950s

Goody Vault

STYLE 24/L

100% wool with chenille patch

"HR" Varsity Golf, 1960s

V1ntageware

STYLE JA/24

100% melton wool with felt patch

Fort Edward High School, NY, 1950s

Duane Lewis c/o Museum of MOE

재킷

경량 면 재킷

1940년대에 나온 경량 "포플린 파카" 재킷은 출시 이후 수십 년 동안 대학 및 클럽에서 가장 인기 있는 재킷이었다. 아홉 가지 다른 색상의 원단에 끝단 장식 옵션을 조합해 각 팀은 그들의 학교나 클럽의 색상에 맞는 주문 제작 재킷을 만들 수 있었다. 재킷의 앞면이나 뒷면에는 듀라크래프트 기법으로 쉽게 프린트를 할 수 있어서 팀 사양에 완벽히 맞춘 재킷을 만들 수 있었다. 스타일명 "XXX" 재킷의 경우에는 듀폰이 개발한 "젤란Zelan" 기법으로 면직물을 처리해서 포플린 재킷에 어느 정도 발수 기능을 더했다. 스타일명 "Y/10"과 "1970" 같은 재킷은 내구성을 더하기 위해 약간 더 무겁고, 추가 표면 처리가 되지 않은 면 트윌 소재로 제작되었다.

STYLE Y/10

100% cotton twill with Duracraft print

Frankford High School, PA, 1940s

Tommy Dorr

ZELAN POPLIN JACKET (XXX)

100% cotton poplin with
Duracraft print

Clemson University, 1940s

Wes Frazer

STYLE 1970

100% cotton denim twill with
Duracraft print

Western Michigan University, 1968

Champion® Archive/Hanesbrands
Inc.

STYLE RALLY

100% cotton poplin with
Duracraft print

Camelback High School, AZ, 1960s

Cellar Door Vintage - Jacob Ooley

ZELAN POPLIN JACKET (XXX)

100% cotton poplin with
Duracraft print

Columbia University, 1960s

Todd Snyder New York

나일론 재킷

1960년대 중반, 챔피온은 100퍼센트 나일론 소재로 만든 새로운 재킷 컬렉션을 선보였고 이 제품은 곧 대학교와 스포츠팀용 재킷의 표준으로 자리 잡으며 면 포플린 소재의 재킷을 빠르게 대체했다. 이 라인의 핵심 아이템인 스타일명 "COACH"는 코치들이 입는 사이드라인 재킷에서 영감을 받아 바이런 칼라에 안감이 없고 스냅 단추가 달린 재킷이었다. 이외에도 다양한 끝단 장식이나 여밈 부자재, 후드나 안감 등의 부가적인 사양을 더한 디자인도 추가로 출시되었다. 대학교나 스포츠팀의 로고는 1960년대에 도입된 챔피온의 라스톤이라는 플라스티솔 인쇄 기법으로 프린트되었다. 이 기법은 합성섬유에도 사용할 수 있었다. 챔피온의 수많은 스타일의 나일론 재킷은 고기능성 의류로서 대학교 서점을 통한 소매 시장과 스포츠팀 유니폼 시장 양쪽에서 동시에 판매되었다.

STYLE COACH

100% nylon

University of Wisconsin, 1970s

Elan Rodman

STYLE NYLINE

Nylon/acrylic with Lastone print

University of Florida, 1970s

Dave's Freshly Used

STYLE 90

100% nylon/acrylic with
Lastone print

Lafayette College, 1960s

Gumshoe Vintage

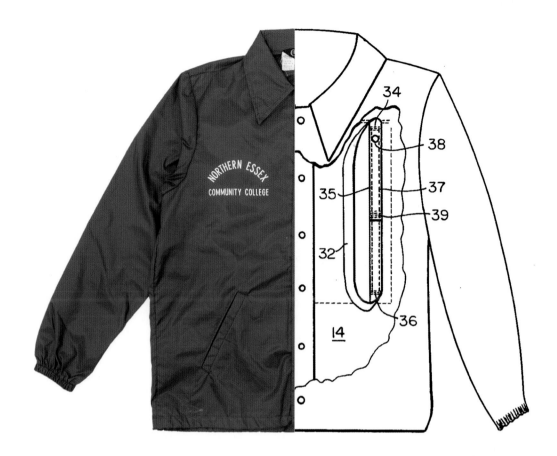

백팩 재킷

"잭 팩Jac Pac"은 스타일명 COACH를 기반으로 하여 책과 기타 학용품을 넣을
수 있는 내장 백팩을 추가한 100퍼센트 나일론 셸 소재의 재킷이었다. 이 재킷
은 등에 봉제된 큰 사이즈의 "포켓"이 재킷 내부에 꿰매어진 지지용 어깨끈과
연결된 형태였다. 챔피온의 직원인 리처드 옐렌과 에드워드 모렐이 1976년에
디자인했고, 회사는 이 제품에 대한 특허를 받았다.

STYLE JAC/PAC

100% nylon with Lastone print

Northern Essex Community College,
1970s

Dope Vintage FL

사이드라인 재킷

사이드라인 재킷은 미식축구 팀이 사이드라인에서 착용하는 후드가 달린 울 재킷 형태로 처음 소개되었다. 이 재킷은 어깨 보호대를 착용한 상태로도 쉽게 입고 벗을 수 있으며 비바람을 막아주는 용도로 디자인되었다. 1950년대에 이르러 이 울 소재의 사이드라인 재킷은 레이오라인 웜업 저지와 면 소재의 스웨트셔츠로 대부분 대체되었다. 스타일명 "PILOT"과 같은 몇몇 울 소재의 사이드라인 재킷은 1960년대 후반과 1970년대 초반에 대학교 서점 판매용으로 사양이 조정되어 판매되었다.

한편, 스타일명 "NYSJ/H"와 같은 퍼포먼스용 제품이 미식축구 및 기타 스포츠팀을 위해 소개되었다. 이 재킷은 나일론 소재의 겉감에 아크릴 파일 소재의 안감을 썼고, 칼라 안쪽에 말아 넣어 탄성 있는 스트링으로 고정할 수 있는 후드가 달려 있었다. 부피가 있고 보온성이 뛰어난 이 재킷은 겉면에 프린트를 하기가 좋고 미식축구 경기장의 거친 환경을 견딜 수 있는 탁월한 내구성을 지니고 있었다. 이를 통해 나일론 소재가 그 이전에 수십 년간 널리 입혀졌던 레이온이나 면 소재보다 훨씬 더 방수성이 뛰어나다는 것이 입증되었다.

STYLE NYSJ/H SPECIAL

100% nylon with Lastone print

Amador Valley High, CA, 1980s

안감 새틴 재킷

안감이 있는 새틴 재킷은 1979년에 처음 등장했다. 스타일명 "SCOTT"는 니트 소재의 리브와 앞면에 단추가 달린 나일론 소재의 재킷이었다. 이 재킷은 겉감으로 눈에 확 띄는 새틴 소재를 사용하고, 안감으로 보온성을 위한 경량의 아세테이트 또는 나일론을 사용했다. 1980년대에는 스타터Starter나 초크 라인 Chalk Line 같은 회사들이 이 스타일을 대중화시켜 프린트용 블랭크 재킷 시장과 라이센스 스포츠웨어 비즈니스의 핵심 제품으로 자리 잡았다.

STYLE SCOTT

100% nylon with embroidered patch

Bultaco, 1980s

COMMA, Joshua Matthews

V넥 풀오버

V넥 풀오버 재킷은 1993년 카탈로그에 처음 "스타디움 V넥"이라는 제품명으로 등장했으며, 이후 1996년에 스타일명 "SCOUT"로 업데이트되었다. SCOUT는 나일론 옥스포드 소재로 만들어진 풀오버 재킷으로, 저지 소재의 안감과 앞주머니, 그리고 줄무늬가 들어간 헤링본 리브의 소매단과 밑단이 특징이었다. 이 스타일은 대부분 소매용으로 만들어졌으며, 학교 로고나 챔피온 브랜드 로고가 아플리케 자수로 들어갔다.

STYLE SCOUT (B1064)

100% nylon with
tackle twill lettering

Slippery Rock University, 1990s

Gumshoe Vintage

팀 USA 올림픽 재킷

1994년과 1996년 올림픽을 위한 챔피온/헤인즈의 후원 계약에는 미국 국가대표 선수들에게 올림픽 게임을 위한 의류 일체를 제공하는 내용이 포함되었다. 모든 선수들은 캐주얼한 청바지와 티셔츠부터 좀 더 드레시한 슈트 재킷과 슬랙스에 이르기까지 다양한 아이템을 제공받았다. 그중에서도 가장 상징적인 옷은 선수들이 메달 수여식에서 착용할 재킷이었다. 1994년 릴레함메르 동계 올림픽에서 챔피온이 디자인한 팀 재킷은 자수와 아플리케가 들어간 완전한 겨울용 파카였다. 위 사진의 1996년 버전은 금색 지퍼에 재킷 전면을 승화전사 기법으로 프린트한 것이 특징이다. 오른쪽의 파란색 재킷은 1996년 애틀랜타 올림픽에서 미국 팀이 연습이나 훈련 중에 착용한 웜업 재킷이다.

OLYMPICS MEDALIST JACKET

100% polyester with sublimation and embroidery

U.S. Olympic Team, 1996

VTG_gene

OLYMPICS MEDALIST JACKET

100% nylon with applique
and embroidery

U.S. Olympic Team, 1994

DeepCover - Will Wagner

OLYMPICS TEAM ISSUE JACKET

100% polyester with embroidery

U.S. Olympic Team, 1996

First Team Vintage

재킷

티셔츠 T-SHIRTS

티셔츠

1930년 ~ 1933년

1933년 ~ 1935년

1930년대 후반 ~ 1940년대

1940년대 후반 ~ 1950년대

1940년대 후반 ~ 1950년대

1960년대 초중반

1960년대 초중반

1960년대 중반

1967년 ~ 1969년

1969년 ~ 1981년

1969년 ~ 1981년

Champion
LARGE

50% POLYESTER
50% COTTON/COTON
BAUMWOLLE/COTONE
KATOEN/BOMULO

MADE IN U.S.A. · RN 26094
FOR CARE SEE REVERSE

1980년대 초반 ~ 1990년

1981년 ~ 1990년대 초반

1990년 ~ 1990년대 중반

~ 1990년대 초중반

1990년대 후반 ~ 2000년대 초반

스탠더드 웨이트 티셔츠

흰색

챔피언이 개발한 플로킹 프린트 기법 덕분에 1930년대부터 1940년대에 걸쳐 티셔츠의 확장성이 커졌다. 스포츠팀, 대학교 서점, 군대 PX 등 고객이 원하는 대로 프린트를 찍은 제품을 경제적으로 공급할 수 있게 되었기 때문이다. 챔피언에서 처음 판매한 티셔츠는 스타일명 "78QS"라는 제품으로, 표준 무게의 면 100퍼센트 티셔츠로 흰색으로만 만들어졌다. 이 "쿼터슬리브" 의류의 처음 가격은 78센트였고, 이 때문에 78QS라는 이름이 붙었다. 챔피언의 초기 제품 군에 티셔츠를 포함시킨 것은 챔피언의 공동 창업자인 빌 파인블룸의 공이 큰 것으로 알려져 있으며, 이 결정은 그 후 20세기 후반에 걸쳐 티셔츠가 미국 패션의 보편적인 아이템이 되는 데 큰 기여를 했다.

STYLE 78QS

100% cotton with Duracraft print

Waynesburg College, 1940s

Kristen Martini

STYLE 78QS

100% cotton with Duracraft print

Fort Ord, CA, 1940s

Swift and Faire - Kate Marx

STYLE 78QS

100% cotton with Duracraft print

The American Trampoline Co, 1950s

Goody Vault

STYLE 78QS

100% cotton with Aridye print

Ponca Military Academy, OK, 1950s

Stock Vintage

STYLE 78QS

100% cotton with Aridye print

"Braces Are Beautiful", 1970s

10th St Sneaks

스탠더드 웨이트 티셔츠

운동복용 색상

1930년대에 챔피온은 스포츠팀 유니폼 및 대학교 의류 카탈로그에 다양한 색상의 표준 무게 원단으로 만든 티셔츠인 스타일명 "84QS"를 추가했다. 출시 초기에 어떤 색상들이 나왔는지는 알려져 있지 않지만, 카탈로그를 보면 새로운 색상이 주기적으로 추가되었음을 알 수 있다. 1960년대에는 총 열한 가지, 1970년대에는 총 열다섯 가지 색상이 제공되었다. 189쪽에 있는 색상표는 챔피온이 1980년대 후반에 시즌별로 패션 컬러를 도입해 티셔츠 라인을 재정비하기 전까지 주문 가능했던 모든 색상을 보여준다.

STYLE 84QS - SCARLET

100% cotton with Lastone print

Empire State Games, 1970s

Predisposed Vintage

STYLE 84QS - ORANGE

100% cotton with Aridye print

Broad Ripple High School, IN, 1970s

Found Indiana Vintage

STYLE 84QS - KELLY

100% cotton with Duracraft print

Big Daddy's Wine & Liquors, 1970s

Kevin Lewis

STYLE 84QS - NAVY

100% cotton with Lastone print

University of New Hampshire, 1980s

The Felt Fanatic - Zachary Goodman

STYLE 84QS - DARK GREEN

100% cotton with Lastone print

The New School, 1980s

Chad Senzel

1970년대 84QS 공식 색상
블랙, 브라운, 다크 그린, 골드, 그레이, 켈리, 마룬, 네이비, 올드 골드, 오렌지, 파우더 블루, 퍼플, 로열, 스칼렛, 옐로우

헤비웨이트 티셔츠

헤비웨이트 면 티셔츠인 스타일명 "77QS"는 운동선수를 위한 핏에 기장이 더 길고 목과 어깨 솔기에 보강재가 들어간 것이 특징으로, 아마도 챔피온의 가장 상징적인 티셔츠일 것이다. 처음에는 헤더 그레이 색과 흰색만 출시되었으며 주로 스포츠팀 선수들에게 지급되어 연습복으로 사용되었다. 흔히 학교에서는 학생들이 로커룸에서 티셔츠를 훔쳐 가는 것을 방지하기 위해 "Property of…(…의 소유물)"나 "Athletic Dept(체육부)" 같은 문구를 티셔츠에 프린트했다. 초기의 77QS 티셔츠는 면 100퍼센트로 제작되었으나 1973년에 면 90퍼센트에 레이온 10퍼센트 혼방으로 변경되었고, 약 10년 후에는 면 88퍼센트와 레이온 12퍼센트 혼방으로 다시 변경되었다. 1966년경에는 헤더 블루, 그린, 레드와 같은 추가 색상이 제품 라인에 추가되었음에도 불구하고 "로커룸 그레이"와 흰색이 꾸준히 가장 인기가 많았다.

STYLE 77QS

100% cotton with Aridye print

University of Utah, 1950s

Macie Ongoy & Spencer Badgley

STYLE 77QS

Cotton/rayon blend with Aridye print

Champion Products, 1970s

Sage Norsworthy – Worthy Rags

STYLE 77QS

Cotton/rayon blend with Aridye print

Japan Bowl, 1980s

Cold Agua

링거 티셔츠

링거 티셔츠는 목과 소매에 몸통과 대비되는 색상의 끝단 디테일을 넣은 스탠더드 웨이트 티셔츠로, 1930년대 후반에 스타일명 "81QST"라는 이름으로 운동복 라인에 처음 등장했다. 이 티셔츠는 흰색 몸통에 목과 소매 끝단 색상을 주로 학교 상징 색상에 맞추는 것이 일반적이었다. 이 스타일은 처음에는 사관학교에서 "플리브Plebe"라고 부르는 신입생을 식별하기 위한 용도로 많은 주문을 받으며 인기를 끌었다. 챔피온은 1950년대부터 1980년대까지 이 티셔츠를 스타일명 "PLEBE"으로 불렀다. 챔피온의 링거 티셔츠는 1940년대부터 대학교 서점의 베스트셀러 제품으로 자리를 잡았고 1970년대와 1980년대에 인기가 절정에 달했다.

STYLE CYT

100% cotton with Duracraft print

Cornell University, 1940s

Tags & Threads

STYLE PLEBE

100% cotton with Duracraft print

Stillwater Area High School, MN, 1950s

Maybe Nvr

STYLE PLEBE

100% cotton with Aridye print

Boston University, 1960s

Todd Snyder New York

STYLE PLEBE

100% cotton with Aridye print

Xerox, 1980s

DeepCover - Will Wagner

STYLE PLEBE

100% cotton with Aridye print

"Grown in N.Y. State", 1970s

Chaz Anestos

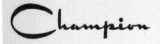

챔피온 YC 티셔츠 광고,
1965년

조정 티셔츠

챔피온의 스타일명 "YC" 티셔츠는 19세기 영국에서 조정용 옷으로 입었던 헨리넥 셔츠에서 유래되었는데, 헨리넥 셔츠는 통상 라운드넥 셔츠의 앞 부위를 여닫을 수 있는 플래킷이 있어서 단추가 달려있거나, 줄무늬가 있는 것이 특징이었다. 1940년대 초반부터 챔피온은 하버드와 코넬과 같은 명문 대학교의 조정팀을 위해 헨리넥 셔츠의 티셔츠 버전을 제작했다. 목 앞 부위의 줄무늬에 학교 대표 색상을 사용하고 때때로 목과 소매 끝단에 대비되는 색상을 쓰기도 했다. 챔피온은 1962년에 이 스타일명 YC 티셔츠를 대학교 서점용으로 만들어 판매하기 시작했다. 이 티셔츠는 링거티와 같이 몸통과 대비되는 색상으로 단 목과 소매단, 그리고 목 밑의 플래킷에 학교를 상징하는 색상으로 봉제한 멀티 컬러 줄무늬가 특징이다.

STYLE YC

100% cotton with Aridye print

University of Miami, 1960s

Brandon Portelli

STYLE YC

100% cotton with Duracraft print

Brooklyn College, 1960s

PJ Smith

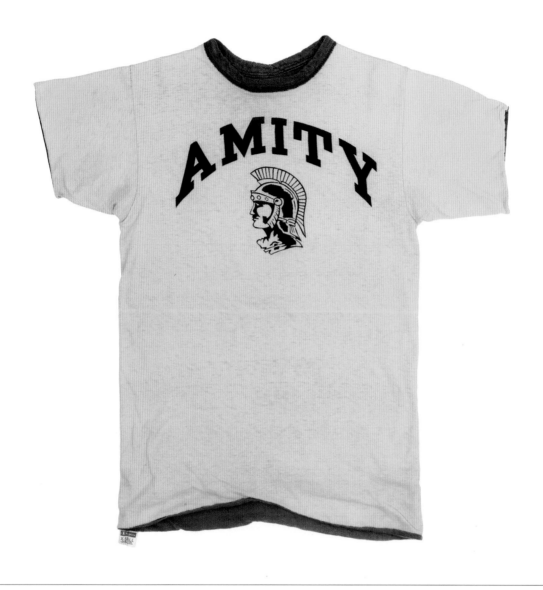

리버서블 티셔츠

스타일명 "USN" 티셔츠는 두 가지 다른 색상의 원단을 안팎으로 겹쳐서 만든 제품이다. 이 티셔츠는 뒤집어 입으면 한 장의 티셔츠 또 다른 색상의 티셔츠를 입는 효과가 있었다. 이 티셔츠는 원래 챔피온의 세일즈맨인 허먼 비버가 미 해군을 위해서 디자인했는데, 학교 체육수업 시간에 팀을 분별하는 용도의 체육복으로 활용되면서 큰 성공을 거뒀다. 이 스타일의 티셔츠는 대부분 학교의 체육복 로고가 한쪽 면에만 프린트되어 있고 태그는 밑단 봉제선에 붙어 있다.

STYLE USN

100% cotton with Lastone print

Amity High School, CT, 1970s

Raggedy Threads

STYLE USN

Cotton/polyester blend with
Lastone print

Cobleskill College, 1970s

Scrappy Thrifts

STYLE USN

Cotton/polyester blend with
Lastone print

Pawnee High School, IL, 1980s

Maverick Demavivas

Champion's GO-TOGETHER
"WIN" JERSEYS

Kick off to the new Fall term! Champion's football type "Win" jersey in lustrous white cotton . . . a smash hit with "steadies" everywhere who love the idea of matching campus sportswear and *both* wearing the *same number!* The front features your school name and six-inch class numerals. The back carries class numerals in ten-inch size. Nine-inch sleeves have Northwestern stripes in your authentic school colors. Neck is nylon reinforced to assure shape retention. Completely washable. Long-wearing. And the nice surprise? So reasonable in cost!

Price: 3-12 dozen . . . . $18.60 doz.
       Over 12 doz. . . . . $18.00 doz.
Sizes: M, L, X-L.   Minimum order: 3 dozen.
Colors: White jersey only; choice of any one color for school name and numerals, choice of one or two colors for sleeve stripes.
BUY DIRECT FROM THE MANUFACTURER

Champion
KNITWEAR COMPANY, INC.
115 College Avenue • Rochester, N. Y. 14607

미식축구 스타일 티셔츠

스타일명 "WIN"은 1965년부터 1980년대까지 대학교 서점에서 판매된 챔피온의 베스트셀러 티셔츠였다. 첫 번째 버전은 애리다이 공법으로 학교 이름, 졸업 연도, 소매에 줄무늬를 프린트한 흰색의 100퍼센트 면 티셔츠였다. 몇 년 후부터는 라스톤 기법으로 프린트한 컬러 티셔츠가 추가되어 스타일명 "C/WIN"으로 출시되었다.

STYLE WIN

100% cotton with Aridye print

Omaha Benson High School, NE, 1960s

Tags & Threads

STYLE C/WIN

100% cotton with Lastone print

Kittanning High School, PA, 1960s

Joaquim Vincenti

STYLE C/WIN

100% cotton with Lastone print

Carey High School, OH, 1970s

Sergio Aguila

STYLE C/WIN

100% cotton with Lastone print

Purdue University, 1970s

Found Indiana Vintage

크롭 티셔츠

스타일명 77QS 티셔츠의 기장을 반으로 자른 버전인 "쉬멜Shimmel" 셔츠라고
불렸던 티셔츠는 처음에는 미식축구용 보호구 밑에 입도록 디자인된 제품이
었다. 이 헤비웨이트 티셔츠는 보호구에 의한 피부 쓸림을 방지하면서도 일반
기장의 77QS 티셔츠보다 공기가 더 잘 통했다. 쉬멜 셔츠는 주로 미식축구 선
수들에게 연습용 유니폼으로 지급되었다. 이 티셔츠는 1971년 또는 1972년에
대학교 서점용으로 출시되면서 여성들 사이에서 캐주얼웨어로 인기를 끌었
다. 1980년대에는 챔피온이 일반 소매 시장에 진출하면서 이 스타일의 티셔츠
를 남성들을 위한 새로운 액티브웨어 패션으로 대대적으로 홍보하기도 했다.

STYLE C/H77QS (T1073)

Cotton/rayon blend with Aridye print

"Panther Pride", 1970s

Tags & Threads

슬립 티셔츠

챔피온의 "캠퍼스 나이티Campus NITEE"는 1950년대부터 대학교 서점에서 판매된 인기 제품이었다. 이 100퍼센트 면 소재의 V넥 티셔츠는 기숙사에서 편하게 입거나 잠옷으로 입는 용도로 넉넉하고 여유로운 핏에 긴 기장으로 디자인되었다. 주로 대학교의 이름과 함께 잠옷을 입고 양초를 든 무명의 캐릭터가 들어간 심플한 로고 디자인이 플로킹 기법으로 프린트되었다. 한동안 이 나이티 티셔츠는 대학교 이름 대신 브랜드나 회사명을 프린트해 홍보용 판촉물 시장에서도 판매되었다. 베스트셀러 기념품 아이템이기도 했던 이 스타일은 상품을 더 돋보이게 하기 위해 디자인이 들어간 상자 패키지에 한 장씩 개별 포장되어 판매되었다.

STYLE NITEE

100% cotton with Duracraft print

Hamm's Beer, 1960s

Blue Mirror Vintage - Michael Karberg

로커룸 톱스

챔피온의 "로커룸 톱스Locker Room Tops"는 1970년대 중반에 잠깐 등장했다가
사라진 컬렉션으로, 스포츠팀 유니폼에 사용되는 요소를 일반 소매용 제품
에 도입한 것이다. 미식축구용 저지와 같이 넉넉한 핏으로 디자인된 스타일명
"LA CROSSE"는 메시 소재로 소매와 목 절개선에 줄무늬를 넣었다. 커져가는
캐주얼 스포츠웨어 시장을 겨냥한 이 로커룸 시리즈 제품들은 모두 챔피온이
스포츠팀 유니폼용으로 사용하는 대표적인 원단인 나일론 메시를 사용했다.
이 스타일은 챔피온이 1980년대 초에 백화점과 주요 소매점을 통해 로커룸 기
어의 모든 컬렉션을 포함해 선보인 워크아웃웨어 라인의 전신이 되었다.

STYLE LA CROSSE (T1454)

Cotton/polyester/nylon mesh with
Aridye print

McDonald's, 1970s

The Electric Deli Corporation

타이다이 티셔츠

1970년, 챔피온은 사이키델릭 시대에 인기를 끌었던 타이다이 디자인을 차용한 스타일명 "TI-DI" 티셔츠를 처음 선보였다. 본래의 타이다이 염색 방식처럼 완성된 옷을 손으로 염색하는 대신, 원단을 먼저 다양한 색상으로 대량 염색한 후에 재단하고 봉제한 것으로 보인다. 이 스타일은 1, 2년 동안만 생산되었으며, 대학교 서점을 통해서만 판매되었다. 이 티셔츠는 타이다이 스웨트셔츠와 함께 챔피온의 역사상 가장 특이하면서 짧은 기간 동안만 생산된 스타일 중 하나다.

STYLE TI-DI

100% cotton with Aridye print

Rose Polytechnic Institute, 1970s

Top Shelf Vintage Co - Douglas Valeri

피너츠 라이센스 티셔츠

챔피온은 1969년에 노위치 밀스를 인수한 후 피너츠 캐릭터에 대한 라이센스를 획득했다. 노위치는 1950년대부터 피너츠의 라이센스 의류를 처음으로 생산한 회사 중 하나였다. 피너츠의 캐릭터들이 등장하는 대부분의 챔피온 제품은 1970년부터 1980년대 초반 사이에 제작되었다. 1970년대부터 출시된 공식 디자인에는 맥주 관련 테마 등 다소 도발적인 그래픽이 포함되어 있으며, 이 덕분에 대학교 서점에서 피너츠 티셔츠가 많이 팔린 것은 의심할 여지가 없다.

STYLE PLEBE (T1736)

100% cotton with Aridye print

United Feature Syndicate/
Dartmouth University, 1970s

SOUVENYR

STYLE 84QS (T1752)

100% cotton with Lastone print

United Feature Syndicate/Michigan State, 1980s

Brandon Portelli

STYLE NG78QS (T1880)

Cotton/polyester with Aridye print

United Feature Syndicate, 1980s

The Felt Fanatic - Zachary Goodman

짐 헨슨 라이센스 티셔츠

챔피온의 제품 중 짐 헨슨의 "머펫츠The Muppets" 캐릭터가 프린트된 티셔츠가 1970년대 후반 대학교 서점을 통해 짧은 시기 동안 판매되었다. 캐릭터와 학교 이름이 들어간 다양한 그래픽 디자인을 출시했고, 제조 단가를 최소화하기 위해 열 전사 방식으로 프린트했다.

STYLE 84QS (T1752)

100% cotton with heat transfer graphic

The Muppets/College of William & Mary, 1970s

Full Court Classics

디즈니 라이센스 티셔츠

챔피온은 대략 1987년부터 1989년까지 미키 마우스를 비롯한 다른 디즈니 캐릭터들의 라이센스를 받아 제품을 생산했다. 비록 기간은 매우 짧았지만 사실 챔피온의 자회사인 노위치 밀스는 1930년대부터 디즈니 캐릭터를 의류에 사용할 수 있는 라이센스를 획득한 최초의 회사였다. 벨바 쉰Velva Sheen과 컬리지에이트 퍼시픽Collegiate Pacific과 같은 경쟁사들이 1970년대와 1980년대 초반에 걸쳐 디즈니 캐릭터가 프린트된 대학교 티셔츠 라인을 판매했는데, 이로인해 챔피온이 당시 디즈니의 라이센스 계약을 따내는 데 어려움을 겪었을 것으로 추정된다.

STYLE NG78QS (T1880)

Cotton/polyester blend with Duracraft print

Walt Disney Productions/UMass, 1980s

Mass Vintage

챔피온 브랜드 로고 티셔츠

1970년대부터 챔피온은 "챔피온이 되기 위해서 조금만 더 노력하라It Takes A Little More to Make a Champion"라는 문구가 새겨진 티셔츠를 선수들에게 입힐 홍보용 아이템으로 제작했다. 이것이 챔피온의 로고가 프린트된 최초의 제품일 가능성이 높다. 1980년대 초반, 챔피온은 일반 소매시장을 위해 챔피온의 로고가 들어간 제품을 생산하기 시작했으며, 대학교 서점용 제품과 스포츠팀 유니폼 제품에도 C 로고를 넣어 브랜드를 표시했다. 1990년대에는 사라 리가 챔피온 브랜드 로고가 들어간 라인의 규모를 키우며 이 제품들을 중심으로 사업을 전개했다. 이 시기에 챔피온은 여러 회사와 라이센스 계약을 맺었고, 그 회사들은 당시의 유행을 따르는 디자인의 챔피온 브랜드 로고가 들어간 그래픽 티셔츠를 생산했다.

STYLE PC RINGER
100% cotton with Aridye graphic

Champion Products, 1970s

@ifoundsomeshit

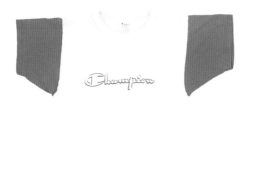

STYLE 77QS

100% cotton with embroidery

Champion Products, 1980s

Undead Stock — Mark Osborne

STYLE 84QS

100% cotton with Lastone print

Champion Products, 1980s

Sam - @Ralphsss_vintage

STYLE 77QS

Cotton/rayon blend with
Lastone graphic

Champion Products, 1980s

Gumshoe Vintage

STYLE T1000

Cotton blend with Lastone graphic

Champion Products, 1990s

Cash Only Vintage

스포츠팀 라이센스 티셔츠

챔피온은 1950년대부터 일찍이 MLB부터 NBA 팀에 이르기까지 스포츠팀과 연관된 의류를 제작하며 스포츠팀 라이센스 의류 시장에서 선구자 역할을 했다. 노위치 밀스를 인수한 후, 스포츠팀 관련 아이템의 생산이 급격히 증가했으며 거의 모든 주요 스포츠 리그의 라이센스 계약을 확보했다. NBA, NFL, MLB, NCAA 외에도 챔피온은 ABA, WFL, USFL, MISL, WNBA와 같은 신생 리그와도 협업하며 팀 유니폼 이외에도 다양한 라이센스 상품을 제공했다.

STYLE PLEBE

100% cotton with Aridye print

Rochester Americans, 1970s

Elan Rodman

STYLE 84QS

100% cotton with Aridye print

National Basketball Association, 1970s

Pickpocket Vintage

STYLE PC/84QS

Cotton/polyester with Aridye print

United States Football League, 1980s

Mass Vintage

판촉용 티셔츠

챔피온은 의류 마케팅이라는 개념조차 존재하지 않던 시절부터 기업과 단체 및 클럽을 위한 판촉용 티셔츠를 대량 생산한 미국 최초의 회사 중 하나였다. 주문은 챔피온의 담당 세일즈맨을 통해 접수되었고, 티셔츠는 프린트 공정을 거쳐 고객사에 직접 납품되었다. 초창기에는 할리 데이비슨, 라이온스 클럽, 미국재향 군인회, YMCA로부터 대규모 주문을 받았다. 규모가 큰 고객사 이외에도 챔피온은 홀리데이 아일 리조트와 펠레 사커 캠프와 같은 수천 개의 소규모 업체나 단체에 서비스를 제공했다.

STYLE LEEDS

Cotton/polyester blend with Lastone print

City of Rochester, 1970s

The Felt Fanatic - Zachary Goodman

STYLE PLEBE

Cotton/polyester with Aridye print

Harley-Davidson, Inc., 1970s

Hard Labour - Tyler Haley & Dan Veloso

STYLE 84QS

100% cotton with Lastone print

Grand Prix Festival of Watkins Glen, 1970s

Found Indiana Vintage

STYLE PLEBE

100% cotton with Aridye print

Pele Soccer Camps, 1970s

For All To Envy

STYLE PLEBE

100% cotton with Aridye print

Holiday Isle Resort, 1970s

Maverick Demavivas

기본 체육복 바지

챔피온의 스타일명 "KEJ"는 신축성 있는 일래스틱 허리 밴드가 있는 기본 면 트윌 체육복 바지였다. 통상 티셔츠, 서포터, 양말과 한 세트로 학교 체육 교복 으로 지급되었다. 초기 버전 중 일부는 벨트 버클이 부착되어 있고 앞을 단추 로 잠그는 형태지만, 제2차 세계대전 이후에는 제조 단가를 낮추고 착용감을 개선하기 위해 일래스틱 허리 밴드가 표준 사양으로 자리 잡았다. 챔피온의 주목할 만한 개선점 중 하나는 학교에서 유니폼을 세탁하는 관리자가 사이즈 를 쉽게 식별할 수 있도록 허리 밴드에 사이즈를 구별할 수 있는 표식을 넣은 것이다. 각 사이즈에 해당하는 색깔의 선을 허리 밴드 끝단에 짜 넣어 직원들 이 재고를 정리하고 추적하기 용이하게 했다.

STYLE KEJ

Cotton twill with Aridye print

Northwestern University, 1960s

Heartland Vintage

트랙 쇼츠

스타일명 "JET"는 옆트임이 들어간 챔피온의 첫 번째 반바지 모델이다. 트임은 옆 솔기에 가해지는 부하를 줄이기 위해 설계되었다. 이 반바지는 육상 경기나 학교 체육복용으로 판매되었고, 통상 하단에서 옆면에 걸쳐 대비되는 색상의 트리밍 장식이 들어갔다. JET는 달리기 선수들로부터 기존 반바지의 밑단 솔기 부분이 자주 찢어진다는 불만을 접수해 개발되었다. 챔피온은 기존의 직선으로 된 반바지 끝단이 선수들의 허벅지 부위에 꽉 끼어서 생기는 문제점을 옆트임을 통해 해결했다.

STYLE JET (81005)

Cotton twill with Lastone graphic

Swampscott High School, MA, 1970s

Gumshoe Vintage

농구 반바지

챔피온은 20세기에 걸쳐 여러 유명 대학 농구팀에 농구 반바지를 공급했다.
초기의 농구팀용 반바지는 가벼우면서 스타일리시하게 보이는 특징을 가진
레이온 새틴 소재를 사용했다. 1970년대에 접어들면서부터는 대부분의 스포
츠팀 유니폼용으로 기능성이 더 뛰어난 소재인 나일론 메시가 채택되었다.
1990년대에는 추가 삽입되는 장식용 파트, 트리밍 장식, 승화전사 기법을 사
용한 그래픽 등이 다양하게 구사된 매우 화려한 패턴의 반바지가 등장했다. 챔
피온은 1990년대와 2000년대 초반에 NBA 공식 유니폼 공급업체로 활동하면
서 대부분의 NBA 팀을 위한 유니폼 반바지를 제작했다. 이 시대의 유니폼 반
바지는 선수 개개인의 사이즈에 딱 맞게 맞춤 제작되었고, 허리 안쪽의 조크
태그에 각 선수의 치수가 표기되었다.

STYLE B1

Rayon satin with knit cotton inserts

Champion Knitwear, 1940s

We Got It Vintage

STYLE SUMMIT (93037)

100% nylon mesh with
Lastone print

University of Florida, 1980s

Dave's Freshly Used

STYLE NET SHORT (13056)

100% nylon mesh with team patch

Portland Trail Blazers, 1994-95

Fred Okrend

양말과 서포터

챔피온의 초기 스포츠웨어 라인에는 1920년대에 대학 스포츠팀을 대상으로 판매된 헤비웨이트 면양말이 포함되어 있었다. 1920년대에는 면과 울을 혼방한 옵션에서 시작해 추후에는 나일론, 폴리에스터 및 아크릴을 혼방한 버전이 다양한 스타일과 색상으로 나왔다. 이 양말은 조크스트랩과 함께 운동선수들 및 체육 수업을 듣는 학생들에게 지급되는 기본 유니폼 세트의 구성품으로 제공되었다. 인기 있는 서포터 제품이었던 스타일명 "S", "7", "8"은 국부 부위에 메시 파우치를 사용하고 3인치 두께의 허리 밴드에 각 사이즈에 해당하는 색깔의 라인을 넣었다. 1990년대에 챔피온의 모회사인 사라 리는 챔피온 브랜드로 스포츠 브라를 마케팅하기 시작했다. 스포츠 브라는 사라 리의 자회사인 조그브라Jogbra가 1970년대에 발명한 것으로 조크스트랩을 활용해 제작한 샘플이 그 시초였다.

**COLORED TOP SOCKS
(STYLE 290)**

Wool/nylon/cotton blend with
Aridye stripe

Champion Knitwear, 1950s

Found Indiana Vintage

JOCK STRAP (STYLE 7)

Nylon/polyester blend with
heat resistant rubber

Champion Products, 1980s

Douglas "The Jock King" Valeri

COLORBLOCK ACTION-TECH
BRA (079)

100% polyester with Lastone print

Champion Products, 1990s

Mass Vintage

모자

챔피온은 모자를 직접 생산하지는 않았지만 1950년대부터 1990년대까지 운동용 모자와 응원용 모자를 판매했다. 전통적인 야구 모자가 경기장에서 많이 쓰였으며 버킷햇, 프레쉬맨 캡(20세기 전반까지 대학 신입생들을 구별하고 애교심을 고양시키기 위한 목적으로 쓰던 모자*), 비니는 대학교 서점에서 판매되었다. 챔피온의 본사가 있던 뉴욕주 로체스터의 E. 로젠스타인 손스E. Rosenstein Sons 와 인근 버팔로의 뉴에라New Era가 초창기 챔피온이 판매한 모자 대부분을 공급했을 가능성이 크다. 1970년대부터 미국 내 제조업이 쇠퇴하고 해외로 소싱처를 옮기기 시작하면서 챔피온은 "영안모자"와 같은 한국 업체들로부터 모자 수량의 대부분을 공급받았다.

STYLE MAJOR LEAGUE

100% cotton twill with
embroidered insignia

New Era for Champion, 1980s

STYLE CLASS CAP (500T/S)

100% cotton twill with felt lettering

Boston College, 1960s

Top Shelf Vintage Co - Douglas Valeri

STYLE CREW CAP (RCC/S)

100% cotton with Duracraft print

Baylor University, 1960s

Todd Snyder New York

STYLE SPIRIT MESH CAP (A3258)

Cotton twill with nylon mesh and felt patch

Purdue University, 1970s

STYLE PBC

100% wool with embroidered insignia

National Basketball Association, 1990s

Tags & Threads

폴로셔츠

면 100퍼센트로 만든 기본 폴로셔츠는 1930년대부터 챔피온 카탈로그에 등장하며 "테니스, 배드민턴, 골프, 배구 및 수업용"으로 판매되었다. 시간이 지나면서 코치진과 운동선수들 사이에서 폴로셔츠에 대한 수요가 증가함에 따라 기능성을 갖춘 면과 나일론 메시 소재를 사용한 개선된 스타일이 개발되었다. 면과 면 혼방 소재로 된 기본 폴로셔츠는 인기를 유지하며 한 세기 동안 일반 소매 채널과 판촉용 채널을 통해 판매되었다. 특히, 챔피온은 1994년과 1996년 올림픽에서 자원봉사자와 직원용 유니폼으로 과감한 배색이 들어간 폴로셔츠를 공급했다.

STYLE 76QS/ZF

Rayon/cotton blend with Duracraft print

All-American Soap Box Derby, 1940s

Blue Mirror Vintage - Michael Karberg

탱크톱

이 가벼운 무게의 민소매 셔츠는 1920년대 후반 챔피온의 첫 번째 운동복 컬렉션에서 학교 체육복 유니폼 상의로 처음 소개되었다. 제2차 세계대전 이전에는 이 스타일이 티셔츠보다 훨씬 더 일반적이었으며, 대개 듀라크래프트 기법으로 학교 로고를 프린트했다. 전후 티셔츠 붐이 일면서 인기가 줄어들다가 1970년대 초 다시 인기가 부활했다. 캐주얼웨어가 인기를 끌며 챔피온은 일반 소매용으로 대학교 로고가 프린트된 탱크톱을 선보였다. 이후 수십 년 동안 대학교 서점과 홍보용 판촉물 시장에서 다양한 단체 및 기업이나 브랜드의 로고가 들어간 탱크톱은 베스트셀러 제품으로 자리를 지켰다.

STYLE SAJ-12

Cotton/rayon blend with Aridye print

Barbell Club, University of Pittsburgh, 1970s

Alex Thayer

¾ 소매 셔츠

야구 유니폼 시장에 진출하기 전, 챔피온은 1940년대부터 1950년대에 걸쳐
¾ 길이 소매로 된 스타일명 V-44 "베이스볼 언더셔츠"를 제조해 공급했다.
처음에는 울 혼방 소재로 만들었으나 1960년대부터 면 100퍼센트로 사양이
변경되었다. 이 셔츠는 세트인 소매에 몸통과 대조되는 색상을 쓰고 밑단은
둥글게 재단해, 야구 유니폼 저지 안에 입거나 연습복용으로 단독으로 입도록
디자인되었다. 1970년대에는 기존 사양을 업데이트한 스타일명 "BB84"가 대
학교 서점용 상품으로 출시되었다. 가슴에는 학교 이름과 로고가 프린트되었
다. 1980년대에는 V-44를 대체해 면/나일론 혼방 소재에 모크넥 디자인의 현
대화된 스포츠용 버전인 스타일명 "V36"이 출시되었다.

STYLE BB84

Cotton/polyester blend with
Lastone print

Bentley University, 1980s

Mass Vintage

긴소매 티셔츠

긴소매 크루넥 티셔츠는 챔피온 초창기에 스포츠팀 및 학교 체육복용으로 종종 주문을 받아 만들어졌던 것을 제외하고는 흔치 않은 제품이었다. 1970년대에 들어서야 다양한 긴소매 티셔츠가 대학교 서점 시장을 위해 생산되기 시작했다. 목과 소매에 리브가 들어간 기본 긴소매 티셔츠가 인기를 끈 것은 1980년대가 되어서였다. 1990년대에는 헤비웨이트와 스탠더드 웨이트 티셔츠 모두 다양한 색상으로 제작되어 일반 소매용 및 스포츠팀 유니폼용으로 판매되었다.

STYLE REVERSIBLE LOCKER ROOM TEE (T1198)

100% cotton with Lastone print

Champion Products, 1980s

Re'all Koenji

터틀넥 티셔츠

터틀넥은 1940년대에 "콘티넨탈" 셔츠에 처음으로 적용되었다. 이 셔츠는 착용자의 목을 외부 환경으로부터 보호하기 위해 지퍼를 잠그고 말아 올릴 수 있는 칼라가 있었다. 1960년대에 이르러 당시 유행하던 패션 스타일을 반영한 터틀넥과 모크넥 디자인 몇 가지가 일반 소매용 제품 카탈로그에 포함되었다. 터틀넥의 인기가 절정에 달한 시기는 1980년대에서 1990년대로 추정된다. 추운 기후에서 활동하는 고객을 위한 패셔너블하면서도 기능성을 갖춘 아이템으로서 다양한 버전의 터틀넥 셔츠가 일반 소매용 및 스포츠팀 유니폼용으로 제공되었다.

STYLE TROY MOCK T-SHIRT

100% cotton with Aridye print

St. Olaf College, 1960s

Shayne Kelly

담요

챔피온의 제품 중 비교적 흔치 않은 것은 팀의 로고가 들어간 주문 제작 담요
다. 초기에는 챔피온이 울 담요를 직접 제조했을 가능성도 있지만, 1930년대
이후로는 펜실베이니아주 라트로브에 있는 피어스 매뉴팩처링 컴퍼니Pearce
Manufacturing Company와 같은 외부 생산업체로부터 담요를 공급받았다. 챔피온
담요 중 가장 두드러지는 제품 중 하나는 이 사진에 있는 1930년대에 제작된
인디언 패턴이 자카드로 들어간 면 소재의 캠프 블랭킷으로, 스프링필드 인디
언스 하키팀을 위해 만들어졌을 가능성이 크다.

CAMP BLANKET

100% cotton with jacquard designs

Springfield Indians, 1930s

Andrew Mercer

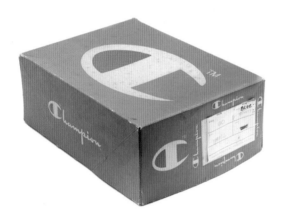

제품 패키지

디자인이 들어간 종이 박스와 비닐백은 챔피온 제품을 운송하고 진열하는 데 중요한 역할을 했다. 제품을 접어서 폴리백에 담은 후, 한 다스 또는 반 다스 단위로 박스에 넣어 끈으로 묶어 배송했다. 이 박스들은 대담하고 강렬했으며, 1950년대부터 1990년대까지 최소 대여섯 가지의 특징적인 디자인이 사용되었다. 각 박스의 측면에는 내용물 설명 스티커가 붙어 있어, 배송 부서와 최종 고객이 재고를 쉽게 알아볼 수 있었다.

홍보용 판촉물

챔피온은 1980년대 초반에 브랜드를 확장해 나가면서, 직원과 고객을 위한 다양한 홍보용 판촉물을 제작했다. 이 중 가장 매력적인 예는 1986년에 제작된 챔피온 배송 트럭의 축소 모형으로 이 트럭의 외장 디자인은 여러 차례 관련 상을 수상을 한 바 있다. 이 모형 트럭은 챔피온의 본거지인 뉴욕주 로체스터 서쪽에 위치한 윈로스Winross에서 제작되었다.

미국 군대

1920년대 ~ 1990년대

챔피온이 초창기에 학교를 대상으로 한 비즈니스를 넓히게 된 데에는 군사 학교들과의 관계가 초석이 되었다. 이는 해군, 육군, 공군, 해병대, 해안경비대와 지속적인 관계를 형성하는 마중물이 되기도 하였다. 이러한 관계를 바탕으로 챔피온은 제2차 세계대전 기간 동안 군대 PX에 그래픽 티셔츠와 스웨트셔츠를 공급하는 계약을 체결했다. 그 후 수십 년간 챔피온은 미 해군사관학교USNA, 미 육군사관학교USMA, 미 공군사관학교USAFA 및 기타 일급 기관에 훈련복을 가장 많이 공급하는 업체로 자리 잡았다. 1980년대와 1990년대에 챔피온이 군대에 공급한 체육복PTU은 수십만 명의 군인들이 입었고 이 체육복은 군복으로서는 물론이고 패션 아이템으로서도 상징적인 제품이 되었다.

할리 데이비슨

1950년대 ~ 1980년대

할리 데이비슨 의류는 지난 50년간 아메리칸 액티브웨어를 대표하는 상징적인 존재로 자리 잡았다. 그러나 챔피온이 할리 데이비슨 브랜드를 새로운 세대의 소비자들에게 알리는 데 중요한 역할을 했다는 점은 거의 알려지지 않았다. 대략 1950년대부터 1970년까지 챔피온은 할리 데이비슨만을 위해 티셔츠, 얇은 재킷, 레이싱 저지와 같은 주문 제작 의류를 독점적으로 생산한 업체였다. 할리 데이비슨의 오너들과 팬들은 여러 세대에 걸쳐 챔피온이 제작한 의류를 입고 라이딩을 하며 할리를 전 세계에 널리 알렸다.

NBA

1950년대 ~ 2000년대

1950년대부터 1980년대까지 챔피온은 NBA로부터 라이센스를 받아 제품을 생산했고 몇몇 팀에게는 경기용 유니폼을 공급하기도 했다. 1989년, NBA 유니폼 제조업체인 샌드-니트가 파산하면서 챔피온에게 엄청난 기회가 찾아왔고, 챔피온은 NBA와 독점 계약을 체결할 수 있었다. 1990년부터 1996년까지 챔피온은 NBA에 소속된 모든 팀의 경기용 유니폼과 연습복뿐만 아니라 레플리카 저지와 스웨트 셔츠와 같은 다양한 라이센스 제품을 제작했다. 1996-1997 시즌이 끝날 무렵에는 일부 팀에게만 유니폼을 공급하게 되었지만 전체 리그에 대한 라이센스 제품은 계속 생산했다. NBA와의 계약이 완전히 만료된 것은 2001년 말로, 이로써 챔피온의 NBA 시대는 막을 내렸다.

NFL

1950년대 ~ 2000년대

챔피온은 1950년대와 1960년대에 클리블랜드 브라운스와 휴스턴 오일러스를 포함한 여러 NFL 팀에게 연습복을 판매하면서 NFL에 내딛었다. 1967년에는 챔피온의 나일론 메시 저지가 매스컴을 통해 주목을 받으면서 버팔로 빌스와 뉴욕 제츠의 유니폼 주문을 따낼 수 있었다. 이후 챔피온은 NFL 팀 로고가 포함된 스웨트셔츠와 티셔츠 같은 라이센스 NFL 의류를 생산했다. 1980년대에 들어서면서 팀 유니폼과 라이센스 의류 사업이 확장되며 챔피온은 새로운 라이센스 제품 컬렉션을 출시하고 네 개의 NFL 팀과 유니폼 공급 계약을 체결했다. NFL 의류 사업은 1990년대에 절정을 이루었고, 챔피온은 빌스, 베어스, 벵갈스, 콜츠, 세인츠, 제츠, 팰컨스 등 여러 팀에 유니폼을 공급함과 동시에 리그 전체를 위한 라이센스 의류를 생산했다. 챔피온은 또한 당시 NFL의 공식 연습복 공급업체이기도 했다.

미국 농구 국가대표팀

1980년대 ~ 2000년대

1989년에 챔피온은 미국 남녀 농구 국가대표팀의 공식 유니폼 공급업체가 되었다. 챔피온은 1992년 올림픽의 첫 남자 드림팀과 1996년 올림픽의 첫 여자 드림팀을 포함해 2001년까지 모든 미국 국가대표 농구팀의 유니폼을 제작했다. 아마도 챔피온의 최고 업적은 역사상 가장 위대한 농구 선수들로 구성된 팀이라는 평가를 받는 1992년 드림팀의 유니폼을 제공한 것이 아닐까 싶다. 이 덕분에 챔피온은 국내외에서 커다란 홍보 효과를 얻었고 NBA와의 계약도 지속하게 되었다. 더불어 1996년과 2000년 올림픽의 후속 국가대표팀도 챔피온이 만든 유니폼을 입고 출전해 금메달을 획득했다.

올림픽 게임

1990년대

드림팀 열풍과 라이센스 스포츠웨어 붐이 일었던 1990년대 초반, 챔피온은 1994년 릴레함메르 동계 올림픽과 1996년 애틀랜타 하계 올림픽의 미국 올림픽 국가대표팀 공식 유니폼 공급업체로 선정되었다. 올림픽에 출전하는 모든 선수에게는 챔피온의 재킷, 모자, 셔츠, 웜업 저지 등 50개 이상의 아이템이 포함된 컬렉션이 지급되었다. 1996년 올림픽을 앞두고 챔피온은 올림픽 마크가 들어간 일반 소매용 제품 컬렉션도 대량으로 제작해 전국의 주요 소매 매장을 통해 판매했다. 또한, 1994년 올림픽을 위한 라이센스 의류도 제작하기는 했지만 상대적으로 매우 적은 양만을 생산했다.

멤버십 스포츠클럽

1970년대 ~ 2000년대

챔피온의 유니폼과 연습용 운동복은 적어도 1960년대부터 고급 멤버십 스포츠센터에서 운동하는 아마추어 선수들이 입었다. 1980년대에 개인 피트니스 붐이 일어나며 본격적인 스포츠웨어에 대한 수요가 급증하자, 이러한 클럽들은 챔피온에 주문 생산한 상품 라인을 회원들을 대상으로 판매하기 시작했다. 뉴욕시에서 NYAC, 다운타운 클럽, 버티컬 클럽의 로고가 들어간 운동복을 입는다는 것은 뉴욕의 최상위 엘리트 그룹에 속해 높은 사회적 지위를 가지고 있다는 표식이었다.

대학교 서점

1930년대 ~ 현재

대학교 서점은 미국 전역의 모든 캠퍼스에 있는 주요 소매 채널로, 챔피온 사업의 초석을 다져 주었다. 1930년대에 챔피온은 대학교 로고가 들어간 의류를 최초로 대량 생산해 대학교 서점 및 캠퍼스 외부의 소매점을 통해 판매하며 고객 주문에 맞춤 생산되는 스포츠웨어 시장을 개척했다. 일상에서 운동을 즐기거나 패션에 민감한 학생들을 대상으로 판매된 챔피온의 스포츠웨어는 캠퍼스 패션의 판도를 영원히 바꾸어 놓았다. 그 이후의 모든 세대가 챔피온이 만든 대학교 의류를 찾았고, 대학을 졸업하고도 오래도록 대학교 티셔츠와 스웨트셔츠를 소중히 간직하는 전통이 만들어졌다. 대학교 라이센스 의류 시장에서 거의 100년에 가까운 경험을 쌓은 챔피온은 오늘날에도 여전히 서점 시장에서 강력한 존재로 남아 있다.

엘엘빈L.L.Bean

1960년대 ~ 1990년대

엘엘빈과 챔피온은 두 회사 모두 20세기에 걸쳐 고품질의 액티브웨어를 원하는 틈새시장을 공략한 동시대의 브랜드였다. 초창기부터 스웨트셔츠를 판매해 온 엘엘빈은 1960년대 후반 또는 1970년대 초반부터 챔피온으로부터 무지로 된 후드와 크루넥 리버스위브 스웨트셔츠를 사입하기 시작했다. 당시에는 주로 대학교 스포츠팀의 운동선수들만이 입을 수 있었던 이 스웨트셔츠를 엘엘빈이 우편주문 카탈로그에 포함시키면서 수요는 꾸준히 증가했다. 1980년대에는 챔피온이 엘엘빈의 로고가 들어간 리버스위브 스웨트셔츠와 티셔츠를 생산했다. 또한 챔피온은 엘엘빈이 "로커룸의 기본 필수품"으로 광고한 무지로 된 회색 멜란지 티셔츠와 폴로셔츠도 공급했다.

랜즈 엔드 Lands' End

1970년대 ~ 1990년대

1970년대 후반부터 랜즈 엔드는 그들의 우편주문 카탈로그를 통해 챔피온으로부터 공급받은 티셔츠와 스웨트셔츠를 판매했다. 1980년대에는 리버스위브 크루넥, 집업 후드, 스웨트팬츠, 반바지로 구성된 라인업이 스칼렛, 켈리 그린, 네이비, 그레이 색상의 무지로 출시되었다. 랜즈 엔드는 여성의 체형에 더 잘 맞도록 핏을 조정한 리버스위브의 특별 버전을 처음으로 판매한 곳이기도 했다. 챔피온과 랜즈 엔드의 비즈니스 관계는 1980년대 후반 혹은 1990년대 초반까지 지속되었다.

애버크롬비 & 피치 ABERCROMBIE & FITCH

1980년대

애버크롬비 & 피치가 오쉬먼즈 스포팅 굿즈 Oshman's Sporting Goods에 합병되면서 파산을 면한 후, 그들은 하이엔드 고객을 타깃으로 미 전역에 소수의 소매점만을 유지하며 우편주문으로 제품을 판매하는 형태로 사업모델을 전환했다. 1980년대에 이들은 챔피온에서 생산한 A&F의 브랜드가 들어간 제품을 판매했는데 이 제품 라인에는 경량 스웨트셔츠, 리버스위브 스웨트셔츠, 티셔츠, 짐 반바지, 그리고 긴팔 티셔츠가 있다. 광고를 통해 널리 알려진 A&F 리버스위브 라인에는 A&F 브랜드 로고가 단색으로 들어간 후드티, 크루넥, 스웨트팬츠, 조끼 및 반바지가 포함되었다.

STYLE RWSS/H

Cotton/polyester blend with
Lastone print

Nike, 1970s

STYLE 77QS

100% cotton with Lastone print

Nike, 1970s

나이키

1970년대 ~ 1980년대

빌 바우어만과 오레곤대학교는 1970년대 챔피온의 주요 고객이었으며, 이 시기에 블루리본 스포츠(나이키의 전신*)와 애슬레틱 웨스트(엘리트 육상선수를 양성하기 위한 목적으로 빌 바우어만과 필 나이트의 지원으로 설립된 단체*)가 형성되기 시작했다. 1975년, 블루리본 스포츠는 챔피온과의 협약을 통해 챔피온의 카탈로그에 등장하는 모델들이 나이키 운동화를 신도록 했고, 이를 통해 전국의 정상급 운동 코치들에게 자사의 제품을 널리 알릴 수 있는 중요한 기회를 마련했다. 챔피온의 카탈로그에서 나이키의 운동화와 스파이크화는 1975년부터 1980년대 초까지 등장했다. 1970년대 후반에는 챔피온이 나이키와 애슬레틱 웨스트 브랜드가 들어간 티셔츠와 리버스위브 라인도 제작했는데, 이는 주로 팀 유니폼으로 지급된 것으로 보인다.

The athletic shoes shown as part of the
full uniform concept in this catalog were
supplied with the compliments of
Blue Ribbon Sports—distributor of
Nike athletic shoes.

챔피온 공식 카탈로그, 1975년

스트리트웨어 브랜드

1990년대

1990년대 후반, 챔피온 브랜드는 모회사인 사라 리와의 갈등 속에서 점점 소매 시장에서의 매력을 잃어가고 있었다. 같은 시기, 스투시, 슈프림, 베이프, 그리고 펑크트Fuct와 같은 신생 스트리트웨어 브랜드는 챔피온의 무지 티셔츠와 스웨트셔츠에 그래픽을 프린트해서 판매했다. C 로고는 그들이 입고 자라 온 튼튼하고 오래가는 기본 아이템의 기준과도 같은 존재였기 때문이다. 짧은 기간 동안 출시된 이 당시 제품들은 2010년대에 다시 챔피온 브랜드에 대한 세간의 관심을 불러일으키게 되는 타 브랜드들과의 컬래버레이션의 전조가 되었다.

STYLE RWSS

Cotton/polyester blend with
Aridye print

Roc-A-Wear, 1990s

STYLE RWSS/H

Cotton/polyester blend with tackle twill lettering

Supreme, 1990s

STYLE 77QS

Cotton/polyester blend with tackle twill lettering

Supreme, 1990s

STYLE RWSS

Cotton/polyester blend with
Lastone print

Stussy, 1990s

STYLE RWSS

Cotton/polyester blend with
Lastone print

Stussy, 1990s

Replay Koenji

STYLE RWSS

Cotton/polyester blend with
Lastone print

A Bathing Ape, 1990s

STYLE 77QS

Cotton/polyester blend with
Lastone print

A Bathing Ape, 1990s

STYLE RWSS/H

Cotton/polyester blend with
embroidery

Naughty By Nature, 1990s

David Grant

STYLE RWSS/H

Cotton/polyester blend with
embroidery

Naughty By Nature, 1990s

Patrick Ruiz

너티 바이 네이처Naughty By Nature

1980년대 ~ 현재까지

힙합이 최고의 황금기를 구가하던 시절, 퍼블릭 에네미, 우탱 클랜, 맙 딥, 사이프레스 힐 등의 그룹들
은 뮤직 비디오, 라이브 공연, 사진 촬영 등에서 챔피온의 의류를 눈에 띄게 많이 입었다. 챔피온은 스
포츠 컬처에 깊은 바탕을 두고 미 북동부 지역의 유행을 선도하는 매장들과의 강한 연결고리를 통해
뉴욕 스포츠웨어의 대표 브랜드로 자리 잡았다. C 로고의 열렬한 지지자 중 하나였던 너티 바이 네이
처는 그들의 대표곡인 "힙합 후레이Hip Hop Hooray" 뮤직비디오와 여러 앨범 커버에서 챔피온의 리버스
위브 후드티를 착용하며 챔피온을 상징하는 인물이 되었다. 2021년까지도 제작되고 있는 그들의 커
스텀 너티 바이 네이처 리버스위브는 챔피온이 스웨트셔츠의 제왕으로 군림했던 시절부터 오랜 시간
이어져 내려오는 유산이다.

BBALL REPLICA JERSEY

100% nylon mesh with
Lastone print

Comin' Correct, 1990s

BBALL REPLICA JERSEY

100% nylon mesh with
Lastone print

H20, 1990s

뉴욕 하드코어

1990년대 ~ 2000년대

1980년대부터 1990년대에 걸쳐 급성장하던 뉴욕 하드코어와 유스 크루 운동에 참여하는 많은 이들에게 있어서 스포츠웨어는 새로운 유니폼이었다. 챔피언은 트라이 스테이트(Tri-State, 인근해 있는 뉴욕, 뉴저지, 코네티컷 3개 주를 일컫는 말*)에 거주하는 팬들에게 확고한 사랑을 받는 그들의 로컬 브랜드였다. 미 북동부 지역에는 챔피언 아울렛 점포들이 여럿 있었기 때문에, 수많은 아티스트들이 저렴한 가격에 챔피언의 무지로 된 제품을 구매해서 그들의 밴드 로고를 찍은 아이템을 만들기 좋았다. 티셔츠나 농구 유니폼 같은 아울렛 제품들은 구하기도 쉽고 밴드 로고를 프린트하기도 좋아서 이 문화를 개척하고 주도하던 밴드들에게는 안성맞춤이었다.

이 책에 기여해주신 분들

10 FT. SINGLE BY STELLA DALLAS @10FTSINGLEBYSTELLADALLAS

10TH ST SNEAKS @10THSTSNEAKS

194 LOCAL @194LOCAL

2ND PLANET VINTAGE – QUINN AND CHRIS @2NDPLANETVINTAGE

2NDHANDSERVES – DEVIN ALTERS @2NDHANDSERVES

5 STAR VINTAGE @5STARVINTAGE

AARSALES – ALBERTO RAMIREZ

ALBERT CHAN – ALBERT CHAN INC

ALEISTER CARDWELL @VISUALTHRIFTSAA

ALEJANDRO HEINRICH – A1 VINTAGE – @A1VINTAGE

ALEX GROH @GETBLATZEDVINTAGE

ALEX THAYER @HEYSEEYA

AMERICAN VINTAGE USA @AMERICANVINTAGE.USA

ANDREW MERCER @SLOWRUIN

ANTIQUE SPORTS SHOP – WWW.ANTIQUESPORTSSHOP.COM

APPLES & ARSENIC @APPLESANDARSENIC

ARRON DEAN VINTAGE @SNIPAD

AUSTIN POOL @GRIST.FOR.THE.MILL

BACK TO THE THRIFT @BACKTOTHETHRIFT

BANDULU @BANDULU

BEN KUGEL @PROWRESTLINGTHEN

BERBERJIN @BERBERJIN1

BILLY MANZANARES @BILLYMANZ

BLACK STATE CO @BLACKSTATECO

BLAKE & MYLES DYSON @SUNSHINE_VINTAGE_FL

BLUE MIRROR VINTAGE – MICHAEL KARBERG @BLUEMIRROR66

BONEYARD CHICAGO @BONEYARD_CHICAGO

BOUJEE CULTURE @BOUJEE.CULTURE

BRANDON ALEXANDER @LOSANGELESVTG

BRANDON PORTELLI @BRANDONPORTELLI

BRINK DWELLERS

BRYAN HORNKOHL @KINDACUTEKINDANOT

CAELAN MCCOMB – MONSTER FAN CLUB / 1993 VINTAGE

CAMERON @CAMERON_ROMANCE

CAMP CREEK VINTAGE @CAMPCREEKVINTAGE

CANYON CABRERA @KEYSTONECLOTHING

CASH ONLY VINTAGE @CASHONLYVINTAGE

CELLAR DOOR VINTAGE – JACOB OOLEY @CELLARDOORVINTAGE

CFV @CANADASFINESTVINTAGE

CHAD SENZEL

CHAMPION® ARCHIVE/HANESBRANDS INC.

CHAPS CALL DRY GOODS

CHAZ ANESTOS @CANESTOS1

CIRCA @CIRCAVINTAGEWEAR

CHIEF INDIGO VINTAGE @CHIEFINDIGO

CHRIS CURRIER @FATLIFE22

CHRISTIAN HYNEMAN @864_VINTAGECLOTHING

COAST HWY VINTAGE @COASTHWYVINTAGE

@COLD_AGUA

COLE STAR @CSILLAG_USA

COLORADO SPORTS MUSEUM

COLTON PRESCOTT @727THRIFT

COMMA – JOSHUA MATTHEWS @ITS_COMMA

COOLBREEZE TRADING CO. @COOLBREEZETRADINGCO

CORAL FANG ATELIER @CORALFANGATELIER

DAMIEN PROSSER @DAMEDIGS

DANIEL SEARS @PIERREMOONSWEAR

DARRELL PENNINGTON @JUICY.D.TEES

DAVE'S FRESHLY USED @DAVESFRESHLYUSED

DAVID GRANT

DEEPCOVER – WILL WAGNER @WILLDEEPCOVER

@DENNYTATS

DEREK SPINELL @NPVTG

DEREK WOOD @SOMEWHAT_MODEST

DESERT SPORTS CARDS

DEVIN ALTERS – 2NDHANDSERVES – @2NDHANDSERVES

DFW SWAP MEET @THEDFWVINTAGESWAPMEET

DIAMOND IN THE ROUGH VINTAGE DIAMONDINTHEROUGHVINTAGE

DIBS VINTAGE – BEN JUSTICE @DIBSVINTAGE

DOROTEA VINTAGE @DOROTEAVINTAGE

DOPE VINTAGE FL @DOPEVINTAGEFL

DOUG RAMOS @JUNKMANDOUG

DUANE LEWIS AKA MOE.BPM C/O MUSEUM OF MOE @MUSEUM.MOE

DUKE J. PARKS @DEEDSDUKE

DUSTIN DIFILIPPO @DUSTERBOUGLAS

DUSTIN MELTZER @ENFIELDCOTTAGE

DYKEMAN GALLERY @DYKEMANYOUNGGALLERY

ECLECTICVTG – KANE HASKINS @ECLECTICVTG

EDWARD TONDERYS @REGALTOMBS

EDUARDO MURILLO @THETHRIFTINGBOILERMAKER

ELAN RODMAN @THELOSTANDFOUNDMUSEUM

ELLIOTT CURTIS @ECURTIS617

ENRIQUE CRAME III @FINEANDDANDYARCHIVES

F AS IN FRANK – DREW & JESSE HEIFETZ
@DREWHEIFETZ & @JESSEHEIFETZ

FASHION ARCH.VE @FASHIONARCH.VE

FELIPE TARCINALE @WORLDRECYCLINGCO

FIRST TEAM VINTAGE @FIRSTTEAMVINTAGENYC

FOR ALL TO ENVY @FORALLTOENVY

FORGED IN FIRE

FOUND INDIANA VINTAGE @FOUNDINDIANAVINTAGE

FOX VALLEY FRENZY @FOXVALLEYFRENZY

FRED OKREND

FRONT GENERAL STORE @FRONTGENERALSTORE

FULL COURT CLASSICS @FULLCOURTCLASSICS

FULL COURT HOUSTON @FULLCOURHOUSTON

GARDEN STREET VINTAGE @PODY_COTTER

GLENN CUNNINGHAM @YEAHGLENN

GOODY VAULT @GOODYVAULT

GRAND STREET LOCAL @GRANDSTREETLOCAL

GRIFFIN GHER @GRIFFIN33

GRINGO STARR CLOTHING

GUCCIG11 @_GUCCIG11

GUMSHOE VINTAGE – 545 WASHINGTON ST, LYNN, MA

GWVVINTAGE

HANDSOME OXFORD @HANDSOMEOXFORD

HARD LABOUR – TYLER HALEY & DAN VELOSO @HARDLABOURTO

HARTEX @HARTEXGRAM

HEARTLAND VINTAGE @HEARTLANDVTG

HELL'S HALF ACRE @HELLSHALFACRE

HELLER'S CAFE – LARRY MCKAUGHAN @HELLERSCAFEOFFICIAL

HIDETOSHI YASUKAWA – WWW.AMEBLO.JP/GOLCHIN

HIGHWAY ROBBERY VINTAGE @HIGHWAYROBBERYVINTAGE

HIROTO ITABASHI @_____H0817

HULAPOPPER VINTAGE – BRANDON COMRIE @HULAPOPPER.
VINTAGE

@IFOUNDSOMESHIT

IN VINTAGE WE TRUST @INVTGWETRUST

JAMES CONWAY @44FINDS

JAMES DUKE @SUSQ.STEALS

JAMES GUHLKE @POLO_FLAME

JAMES LANDERS @PLEATED

JAMESON SWEIGER @ELSEWARE.VINTAGE

JAMES KING @JAMESMKETHRIFT

JASON MUNOZ @REMENACE_VTG

JESSE CORK @CANCERTHREAD

JOAQUIM VINCENTI @JOUKIM

JOE HASELDEN

JOHN GLUCKOW – STRONGARM C&S CO.

@JOHNGLUCKOW_ANCIENTANDMODERN

JOINT CUSTODY @JOINTCUSTODYDC

JOSEPH (JOE) BULLOCK @STOPSLEEPINGSTARTEATING

KASPER BEJOIAN @TENANTNY

KENGO YAJIMA @SOMEOCHAN

KEVIN LEWIS

KEITH STEARNS @VINTAGEWARRIOR

KIMBALL UNION ACADEMY ARCHIVES, MERIDEN, NH

KOTARO ASAI @KOUTA505

KRISTEN MARTINI @TROVEANTIQUESJAX

KYLE COURNOYER @THEYARDSALEHUNTER

KYLE DOTY @NOSTALGIASAURUS

LA CROSSE VINTAGE @LAX_VINTAGE

LILAC CITY VINTAGE @LILACCITYVINTAGE

LINDY DARRELL @SWOOSH262

LOST AISLES @LOST.AISLES

LUCKY VINTAGE @TOUGHLUCKVTG

LUUP: LOVEUUORKPLAY – NOLO NIEGES @LUUPDOGGYDOG

MACIE ONGOY @SATINSTONESVTG

MACKENZIE D'AIUTO

MASS VINTAGE @MASSVINTAGE

MATT ALEXANDER @LOCKERROOMCLT

MATT KARLIN @OLD.MANSE.VINTAGE

MAYBE NVR @MAYBENVR_VINTAGE

MCELWAIN – DOUG & DIANE MCELWAIN

MELISSA MUNGER @MELISSAMUNGER

MICHAEL CALE DARRELL @SHOP.GOOD.FORM

MICHIGAN THRIFT @MICHIGANTHRIFT

MICK MEEKS @SHIRT_MCGIRT

MISHMASH VINTAGE @MISHMASHVTG

MR FRESH KICKS @MRFRESHKICKS

MR THROWBACK @MRTHROWBACKNYC

MUCHO KAWAII @MUCHO.KAWAII

MUSIC CITY VINTAGE @MUSICCITYVTG

MAVERICK DEMAVIVAS @MYLES.LOOT

NAPTOWN THRIFT @NAPTOWNTHRIFT

NICHOLAS LELUAN @NACK4VINTAGE

NICK ARONE

NICK CHENETTE @LUCKYFINDS_

NOAH RAEL @NOAHRAEL_

NOVEMILA @NOVEMILAVINTAGE

OFFSUITED VINTAGE @OFF_SUITED

OL'BLUE @_OLBLUE

OLDNEWS VINTAGE @OLDNEWSVTG

OLESTICKY

PAST TO PRESENT VINTAGE @PASTTOPRESENTSJ

PATRICK RUIZ @JERSEYPATNJ

PEOPLES CHAMP VINTAGE @PEOPLESCHAMPVINTAGE

PETER PAPADAKIS @PICKEDBYPETE

PHIL'S VINTAGE JERSEYS – PHILIP FERRO @FERRO.PHILIP

PHONE HOME VINTAGE – CHARLES SCHROCK
@PHONEHOMEVINTAGESTORE

@PHX_FLIPPERS

PICKPOCKET VINTAGE – RICHARD HALVERSON
@PICKPOCKETVINTAGE

PJ SMITH @THRIFTCASSO

PLAINSPEAK VINTAGE @PLAINSPEAKVINTAGE

PNW VINTAGE @PNW_VINTAGEE

PREDISPOSED VINTAGE @PREDISPOSEDVINTAGE

PROCELL @PROCELL

RAG RAT VINTAGE @RAGRAT.VINTAGE

RAGGEDY THREADS @RAGGEDYTHREADS

RAXX VINTAGE @RAXXVINTAGE

RE'ALL @REALL_KOENJI

REAL DEAL COLLECTABLES

RECLUSE VINTAGE

REPLAY @REPLAY_KOENJI

RESET KC @RESET_KC & @YOUSSEFTHEMOORISH

RESET VINTAGE @RESET_STL

RETRO HEADS @RETROHEADS

RETRO MOTHERSHIP – KEVIN ZHOU @RETRO_MOTHERSHIP

RETRO WEARZ VINTAGE @RETROWEARZVINTAGE

RICARDO AYALA @SHAMPOOPAPI

RICKY MAGANA @VINTAGERAGHOUSE

RILEY HANNAM @PILES.O.RILES

ROCKWALL VINTAGE

RORY RABUT @SHARTINGHARLOT

RUNLONG DONG @PETES_CHAMPION_DIARY

SAFARI @SAFARI.KICHIJOJI

SAGE NORSWORTHY – WORTHY RAGS @WORTHY_RAGS

SALPREME

SAM – @RALPHSSS_VINTAGE

SAM KLEIMAN @BOWIECOKEMIRROR

SAM REISS – SNAKE AMERICA NEWSLETTER @SAMSREISS

SCOTT GARRISON @FL.VTG

SCOTT MCCRORIE @RAGMENHARDGOODS

SCRAPPY THRIFTS @SCRAPPYTHRIFTS

SCRATCH THE SURFACE

SELECT VINTAGE @SELECTVINTAGE_BK

SERGIO AGUILA @NIC_FIT

SHAYNE KELLY @THRIFTEDIL

SHILOH BAPTIST CHURCH, BROOKLYN, NY

SMACK CLOTHING NASHVILLE

SMILEYS VINTAGE

SOUTHSIDE VINTAGE

SOUVENYR @SOUVENYR_

SPENCER BADGLEY @CLOTHCASKET

STAY TUNED VINTAGE – CARSON DIERSING @STAYTUNEDVTG

STOCK VINTAGE @STOCKVINTAGENYC

STYLE PARADISE @STYLEPARADISESTORE

SUCKER CREEK CAMP

SWIFT AND FAIRE – KATE MARX @SWIFTANDFAIRE

TAGS & THREADS @TAGSANDTHREADS

TAKAHIRO KOJIMA @CHAKAHIRO

THE ARCHIVE REDLANDS – DAN DELLICARPINI

THE CLOTHING WAREHOUSE @CLOTHINGWAREHOUSE

THE COMEBACK.CO @THECOMEBACK.CO

THE ELECTRIC DELI CORPORATION @_THE_ELECTRIC_DELI

THE FELT FANATIC – ZACHARY GOODMAN @THE_FELT_FANATIC

THE HUB @THEHUBHTX

THE MULE KICK @THEMULEKICK

THE RAG LAB @THE.RAG.LAB

THE SAVAGE ARMY @THESAVAGEARMY

THE VINTAGE SHOWROOM @F.W.COLLINS

THE VTGWAYCA – RICARDO CASTILLO & ANGEL VILLEGAS @VTGWAYCA

THREE WORD THRIFTS @THREEWORDTHRIFTS

THRIFT HIGH @THRIFT_HIGH.NW

THRIFT PICKUPS @THRIFT_PICKUPS

THRIFTYVITA @THRIFTYVITA

TODD SNYDER NEW YORK @TODDSNYDERNY

TOMAS DIEGO

TOMMY DORR @MOTHFOOD

TOP SHELF VINTAGE CO – DOUGLAS VALERI @ THEPOLAROIDCAMERA

TRENT MILLIKEN @TRENTMILLIKEN

UNDEAD STOCK – MARK OSBORNE @UNDEAD_STOCK

UNKNOWN PASSAGE VINTAGE @UNKNOWNPASSAGEVINTAGE

URCHIN GALLERY – JOSEPH FUENTES @URCHINGALLERY

V1NTAGEWARE @V1NTAGEWARE

VARSITY LOS ANGELES @VARSITYLOSANGELES

VERSUS ATL @VSATL

VIDEO NASTY VINTAGE @VIDEONASTYVINTAGE

VINTAGE BY ROUND TWO @ROUNDTWOVINTAGE

VINTAGE COMEUPS @VINTAGECOMEUPS

VINTAGE KULTURE @VINTAGE_KULTURE

VINTAGE ON HOLLYWOOD @SNAPPYGABS

VINTAGE SPONSOR @VINTAGESPONSOR

VTG_GENE @VTG_GENE

WASTELAND @SHOPWASTELAND

WAYBACH NOSTALGIA – TYLER HALEY & DAN VELOSO @WAYBACH_

WE GOT IT VINTAGE @WEGOTITVINTAGE

WES FRAZER @SWITCHBLADE_COMB_VINTAGE

WILL CASTELLI @SEPTADEATH

WOODEN SLEEPERS – BRIAN DAVIS @WOODENSLEEPERS

WORLD WIDE CHUMPS – BRADY GOSWICK & TREVOR TELLIN @WORLDWIDECHUMPS

WORSEFORTHEWEAR VINTAGE – SHARON & DANE @WORSEFORTHEWEAR_VTG

XAVIER @FOLLOWTHETHREAD1

YASUHIKO ARAYA @MZSRW5S

ZAC DIERSSEN @GCZAC

ZACK BROWN @_RETROGRADEVINTAGE_

옮긴이 강원식

고려대학교 일어일문학과를 졸업했다. 짧은 직장 생활을 거친 후 탐스슈즈를 한국에 처음 소개하면서 사업을 시작했고, 이후 캐나다구스, 브룩스 러닝, 그라미치 등의 브랜드를 한국에 소개했다. 친동생과 함께 수입 구두 전문 편집샵인 유니페어와 영국의 남성복 브랜드 드레익스, 데님 전문 편집숍인 조스개러지를 운영하고 있다. 역시 친동생과 함께 "풋티지 브라더스"라는 남성 패션 전문 유튜브 채널을 운영 중이며 이 채널을 통해 주로 클래식한 복식의 역사와 문화, 그리고 남성들의 라이프스타일에 대해 알리고 있다. 대학생 때 구입한 1990년대 챔피온의 리버스위브를 비롯해 다수의 챔피온 의류를 소장하고 있는 챔피온 애호가이기도 하다.

CHAMPION
빈티지 챔피온의 모든 것

첫판 1쇄 펴낸날 2024년 12월 13일

지은이 태그 & 스레드
옮긴이 강원식
발행인 조한나
책임편집 유승연
편집기획 김교석 문해림 김유진 전하연 박혜인 조정현
디자인 한승연 성윤정
마케팅 문창운 백윤진 박희원
회계 양여진 김주연

펴낸곳 (주)도서출판 푸른숲
출판등록 2003년 12월 17일 제2003-000032호
주소 서울특별시 마포구 토정로 35-1 2층, 우편번호 04083
전화 02)6392-7871, 2(마케팅부), 02)6392-7873(편집부)
팩스 02)6392-7875
홈페이지 www.prunsoop.co.kr
페이스북 www.facebook.com/prunsoop   **인스타그램** @prunsoop

©푸른숲, 2024
ISBN 979-11-7254-044-9(03590)